Klingelnberg-Spiralkegelräder

Berechnung, Herstellung und Einbau

Von

Walter Krumme VDI

Wuppertal

Dritte neubearbeitete Auflage

Mit 158 Bildern
und 19 Berechnungstafeln

Springer-Verlag

Berlin / Heidelberg / New York

1967

ISBN-13: 978-3-642-47413-2   e-ISBN-13: 978-3-642-47411-8
DOI: 10.1007/978-3-642-47411-8

Vorwort zur dritten Auflage

Wesentliche Weiterentwicklungen der Verzahnung und der Verfahren zu ihrer Herstellung machten eine grundlegende Überarbeitung dieser dritten Auflage notwendig. So wurde u. a. neben den Palloid-Rädern das inzwischen zur Bedeutung gelangte Zyklo-Palloid-Verfahren eingehend besprochen.

Während die vom Herstellerwerk herausgegebenen Berechnungs- und Bedienungsanleitungen, ihrer Aufgabe entsprechend, darauf ausgerichtet sind, die Berechnungen rezeptmäßig schnell abzuwickeln, kam es hier darauf an, dem Leser ein begründetes Wissen zu vermitteln; bei dem umfangreichen, nicht ganz einfachen Stoff natürlich begrenzt auf das Wesentliche und nicht zu sehr belastet durch an zeitverknüpfte Bauformen gebundene Einzelheiten.

Damit soll die Schrift dank der bereitwilligen Unterstützung durch die Hückeswagener Wissenschaftler und Fachleute wieder ihrer ursprünglichen Aufgabe genügen: Studierende in dieses interessante, technisch bedeutungsvolle Gebiet einzuführen und Praktikern Zusammenhänge aufzuzeigen, die in der Überfülle des Tagesablaufes nicht erkennbar sind.

Wuppertal, im November 1966.

Walter Krumme

Vorwort zur ersten Auflage

Spiralkegelräder, noch vor einigen Jahrzehnten nur vereinzelt anzutreffen, sind heute unentbehrliche Bauelemente der Technik.

Das dieser Kegelradart entgegengebrachte Interesse spiegelt sich sehr deutlich in den Wünschen um Unterrichtung wider, die Studierende und Praktiker laufend an das Entwicklungswerk[1] der hier besprochenen Verzahnung richten.

---

[1] W. Ferd. Klingelnberg Söhne, Remscheid, Werk Hückeswagen.

Bei der Ausarbeitung der vorliegenden Druckschrift bin ich von dem Inhalt dieser Wünsche ausgegangen, um ihren Stoff dem praktischen Bedürfnis anzupassen. Die Schrift soll nach der praktischen Seite hin über alles Wesentliche unterrichten, ohne zu weit auf Dinge einzugehen, die nur für selten vorkommende Sonderfälle Bedeutung haben.

So kam es darauf an, daß das Wenige meines Tuns kein Zuviel und das Viel meiner Arbeit kein Zuwenig wurde. Die Erfahrung muß zeigen, ob ich die rechte Mitte gehalten habe.

Wuppertal, im März 1941.

Walter Krumme

Vorwort zur zweiten Auflage

Die vorliegende zweite Auflage ist in den sich auf die Berechnung beziehenden Abschnitten völlig neu gefaßt und dem Stand der Entwicklung angepaßt worden. Eine Reihe zusätzlicher Tafeln und Kurvenblätter erleichtert den Rechnungsgang. Die Berechnung achsversetzter Spiralkegelräder, die in der ersten Auflage nur kurz gestreift wurde, ist — ihrer zunehmenden Bedeutung entsprechend — ausführlich behandelt worden.

Wuppertal, im März 1950.

Walter Krumme

Inhaltsverzeichnis

Bedeutung der durchgehend benutzten Kurzzeichen

Kurzzeichen für die geometrische Berechnung der Räder

Kurzzeichen	Bedeutung	Kurzzeichen	Bedeutung
R_a	Äußere Teilkegellänge	δ_A	Achsenwinkel
b	Zahnbreite	δ_{n1}, δ_{n2}	Normale Kegelwinkel des
t_n	Normalteilung		Ritzels und des Rades
m_n	Normalmodul	δ_{p1}, δ_{p2}	Korrigierte Kegelwinkel
m_{nN}	Werkzeug-Nennmodul	ω_k	Winkelkorrektur
t_s	Stirnteilung	d_{o1}, d_{o2}	Teilkreisdurchmesser außen
m_s	Stirnmodul	d_{m1}	mittlerer Ritzeldurchmesser
z_p	Zähnezahl des Planrades	h_{k1}, h_{k2}	Zahnkopfhöhen
z_1, z_2	Zähnezahlen	$d_{ka1,2}$	Kopfaußendurchmesser
z_n	gedachte Zähnezahl	$d_{ki1,2}$	Kopfinnendurchmesser
R_i	Innere Teilkegellänge	i	Übersetzungsverhältnis
ϱ	Normal-Teilkreishalbmesser	x	Profilverschiebungsfaktor
	der Evolvente bzw.	y_n	Zahnformfaktor
	Grundkreishalbmesser der	$/_1$	Index für das Ritzel
	Zykloide	$/_2$	Index für das Rad
p	Halbmesser des Rollkreises	$/_a$	Index für außen
β	Spiralwinkel	$/_i$	Index für innen
α_n	Normaleingriffswinkel	$/_m$	Index für Mitte
α_{si}	Stirneingriffswinkel innen	$/_o$	Index für Teilkreis
α_{sa}	Stirneingriffswinkel außen	$/_n$	Index für Normalschnitt
ζ	Versetzungswinkel des	$/_f$	Index für Fuß
	Getriebes		
ζ'	Versetzungswinkel in der		
	Planradebene		

Kurzzeichen für die Einstellung der Wälzfräsmaschine

Kurzzeichen	Bedeutung	Kurzzeichen	Bedeutung
γ	Steigungswinkel des Fräsers	$\Delta \delta_p$	Ballenwinkel
β_{Fk}	Fräskopfeinstellwinkel	t_w	Winkelabstand von Messer-
Md	Maschinendistanz		gruppe zu Messergruppe
Fe	Fräskegeldistanz über Kopf	z_w	Gangzahl des Messerkopfes
Fe_o	Fräskegeldistanz auf dem	r_w	Flugkreisradius der Messer
	Teilkreis	v	Steigungswinkel der Messer
τ	Fräser-Kippwinkel	Δ_M	Messerkopf-Schwenkwinkel

Allgemeine Kurzzeichen

Kurz-zeichen	Bedeutung	Kurz-zeichen	Bedeutung
P_u	Umfangskraft	V	Zuggeschwindigkeit in km/h
P_a	Axialkraft	η	Wirkungsgrad
P_r	Radialkraft	r_h	Reifenhalbmesser
Q	Bodendruck durch Wagengewicht	D	Raddurchmesser bei Schienenfahrzeugen
N	Leistung	h	Stunde
M_t	Drehmoment	μ	Reibungswert
PS	Pferdestärke	σ_b	Biegefestigkeit
v	Geschwindigkeit		

Berechnungstafeln

1. Geschichtliche Entwicklung, Grundprinzip der Herstellung und kennzeichnende Merkmale

1.1 Geschichtliches

Die Geschichte des Zahnrades reicht Jahrtausende zurück in die Anfänge unserer Kulturgeschichte. Schon in den ältesten Kulturreichen wurden Zahnräder gebraucht. Der Dichter-Ingenieur MAX EYTH, der als praktisch arbeitender Ingenieur Ägypten gründlich kennenlernte, berichtete von jahrtausendealten Schöpfvorrichtungen zur Bewässerung des Landes, die schon mit Kegelrädern, wenn auch rohester Art, ausgerüstet waren.

Im Zusammenhang mit der *Klingelnberg*-Verzahnung ist noch eine andere geschichtliche Feststellung bemerkenswert: Wie bekannt, liegt die große Gleichförmigkeit der Bewegungsübertragung der Spiralkegelräder darin begründet, daß die Zähne infolge ihrer Spiralform allmählich eingreifen. In Verbindung mit Stirnrädern ist der spiralförmige Zahn schon uralt. Im Museum für Völkerkunde in Berlin stand eine aus dem indisch-malaiischen Kulturkreis stammende Baumwollentkern-Einrichtung, die schon Schrägzahnräder hat, Bild 1, ein Beweis für die beachtliche technische Erkenntnis ihrer primitiven Erbauer. Für Klingelnberg-Spiralkegelräder unterscheidet man zwei Herstellungsverfahren und dementsprechend auch zwei Verzahnungsarten, gekennzeichnet durch die Namen Palloid und Zyklo-Palloid.

Bild 1. Walzen zum Entkernen von Baumwolle aus Bengalen. Die beiden Walzen sind durch „Schraubenräder" verbunden. Ausgestellt im Museum für Völkerkunde, Berlin.

Palloid-Spiralkegelräder werden mit schneckenförmigen Fräsern verzahnt. Das Verzahnen von Stirnrädern mit Schneckenfräser ist schon lange bekannt. Diese Arbeitsweise wurde im Jahre 1856 von CHRISTIAN SCHIELE erfunden, konnte aber erst 1887 auf Grund des Grantschen Patentes verwirklicht werden. Seine Ergänzung fand das Verfahren, das ursprünglich nur für Geradzahnräder bestimmt war, durch die 1897 angemeldete Erfindung von HERMANN

PFAUTER für eine Universal-Räderfräsmaschine für Stirn-, Schnecken- und Schraubenräder mit Differentialgetriebe.

Die Erfolge, die man mit dem schneckenförmigen Werkzeug bei der Herstellung von Stirnrädern erzielte, — gehört dieses Verfahren doch zu den bekanntesten Verzahnungsverfahren überhaupt — haben die Erfinder schon früh angeregt, ein ähnliches Verfahren auch für Kegelräder zu entwickeln. Hier stellten sich aber zunächst unüberwindlich erscheinende Schwierigkeiten entgegen. Die ersten Erfindungen blieben alle in theoretischen Überlegungen stecken; zwar wurde auf der Automobil-Ausstellung in Paris 1905 auch schon ein Verfahren zum Verzahnen von Kegelrädern mittels eines schneckenförmigen Fräsers praktisch vorgeführt, und zwar von M. CHAMBON, Lyon, aber auch dieses Verfahren hat keine praktische Bedeutung erlangt.

Die mehrmals vergeblich aufgegriffene Aufgabe, ein Verfahren zum Verzahnen von Kegelrädern mittels Schneckenfräser zu entwickeln, wurde dann in überraschend einfacher Weise gelöst von den deutschen Ingenieuren SCHICHT und PREIS. Die von ihnen gefundene Lösung ist in dem deutschen Patent 449 921 vom 28. 12. 1921 niedergelegt und betrifft die Herstellung von Spiralkegelrädern.

Während in den älteren Verfahren die verwickeltsten Bewegungen für den Schneckenfräser vorgesehen waren, besteht der Lösungsgedanke der Schicht-Preisschen Erfindung darin, durch eine Schwenkbewegung des Fräsers ein Werkzeugrad, das sog. Erzeugungs-Planrad, zu verkörpern und an diesem den zu verzahnenden Radkörper abzuwälzen. Die Achse des Fräsers tangiert bei dieser Schwenkbewegung einen Zylinder, dessen Durchmesser nach der Größe des zu verzahnenden Rades bestimmt wird.

Etwa im Juli 1921 hatten die beiden Erfinder in einer kleinen Werkstatt eine Maschine gebaut, auf der man mittels Wälzfräser Kegelräder mit bogenförmigen Zähnen herstellte. Im Jahre 1922 verhandelten die Erfinder mit verschiedenen deutschen Firmen zwecks wirtschaftlicher Verwertung ihrer Erfindung, u. a. auch mit der Firma W. Ferd. Klingelnberg Söhne, Remscheid, die dann im gleichen Jahre die Erfindung erwarb und deren Weiterentwicklung unter der Leitung des Erfinders, Obering. SCHICHT, in ihrem Werk Hückeswagen übernahm.

Zyklo-Palloid-Spiralkegelräder werden mit einem Messerkopf verzahnt. Vergleichbar mit der Wirkungsweise des schneckenförmigen Fräsers verschrauben sich seine Zähne mit den Zähnen des Werkrades. Man kann vereinfacht sagen: Palloidräder werden mit einer Kegelschnecke, Zyklo-Palloidräder mit einer Planschnecke erzeugt.

So weit feststellbar, geht der erste Vorschlag, zur Herstellung von Kegelrädern einen sich mit dem Werkrad verschraubenden Messerkopf zu benutzen, auf den vielseitigen Erfinder BÖTTCHER und auf das Jahr 1910 zurück. Auch der unter Verzahnungsfachleuten weit bekannte Schwede WINQUIST hat sich mit einem Verfahren dieser Art befaßt, wie aus der deutschen Patentschrift Nr. 321 993 aus dem Jahre 1918 hervorgeht. Wie noch erläutert wird, beschritt der Maschinenbau Klingelnberg in dieser angedeuteten Richtung einen vollkommen neuen Weg. Das mit Messerkopf arbeitende Klingelnberg-Verfahren wurde in der Literatur erstmalig 1944 beschrieben. In der 12. Auflage des Klingelnberg Technischen Hilfsbuches heißt es auf Seite 661: ,,Für kleine und kleinste Kegelräder kann eine Spiralverzahnung mit Zykloidkurven einer von Klingelnberg entwickelten Maschine, die auch bei kleinen Planraddurchmessern geringe Krümmung des Zahnes in der Breite ergeben, verwendet werden. Die rechts- und linkssteigende Verzahnung der beiden Getrieberäder wird mit je einem Messerkopf geschnitten.''

Anlaß zur Entwicklung dieses zweiten Klingelnberg-Verfahrens waren die wirtschaftlichen Schwierigkeiten, die dem Flankenschleifen von Kegelradfräsern unter Modul 1,5 mittels Fingerstein entgegenstanden. Fertigungsschwierigkeiten der Kegelradfräser über Modul 8 führten dann später dazu, auch für Großräder das inzwischen bei Kleinrädern bewährte Messerkopfverfahren einzuführen. Zur Vervollständigung des Programms entstand dann abschließend auch eine Messerkopfmaschine für mittelgroße Räder. Beide Verfahren haben ihre Vorteile. Auch das jüngere Verfahren kann heute schon auf einer Jahrzehnte umfassenden Entwicklung fußen.

1.2 Grundprinzip der Herstellung

Die Herstellung der Palloid-Spiralkegelräder ist leicht verständlich, wenn man von dem bekannten Wälzfräsen von Stirn- und Schraubenrädern ausgeht. Beide Arbeitsverfahren arbeiten mit Schneckenfräsern.

Beim Wälzfräsen von Stirn- und Schraubenrädern kann die Vorschubbewegung des Schneckenfräsers entweder in Achsrichtung des Radkörpers oder tangential dazu erfolgen. Man unterscheidet dementsprechend ein Axial- und Tangentialverfahren. Das letztere, vielfach zur Herstellung von Schneckenrädern benutzte Verfahren, kommt der Herstellung von Palloid-Spiralkegelrädern am nächsten. Es ist in seiner

Wirkungsweise in den Bildern 2 bis 4 schematisch dargestellt. Der zu verzahnende Radkörper *a* und das schneckenförmige Werkzeug *b* verschrauben sich beim Verzahnen wie Schnecke und Schneckenrad. Sie drehen sich in Pfeilrichtung *c* und *d*. *d* ist die Schnittbewegung des Fräsers. Während der Verschraubung wird der Fräser tangential zum Radkörper, und zwar in Pfeilrichtung *f*, langsam vorgeschoben. Dabei dringt er tiefer in das Rad ein (Bilder 3 und 4) und erzeugt in einem fortlaufenden Arbeitsgang sämtliche Zähne des Rades.

Der tangentiale Vorschub des Fräsers würde die ordnungsmäßige Verschraubung stören, wenn die Drehzahlen dem einfachen Verhältnis der Fräserdrehzahl zur Zähnezahl des Radkörpers entsprechen würden: Die tangentiale Vorschubbewegung wird der sich aus dem Übersetzungsverhältnis ergebenden Bewegung mit Hilfe eines Ausgleichsgetriebes überlagert.

Nach dem beschriebenen Verfahren werden Schneckenräder hergestellt; will man auf diese Weise Stirn- oder Schraubenräder herstellen, so muß der Fräser entsprechend dem Bild 5 derart schräg zum Zahnkranz

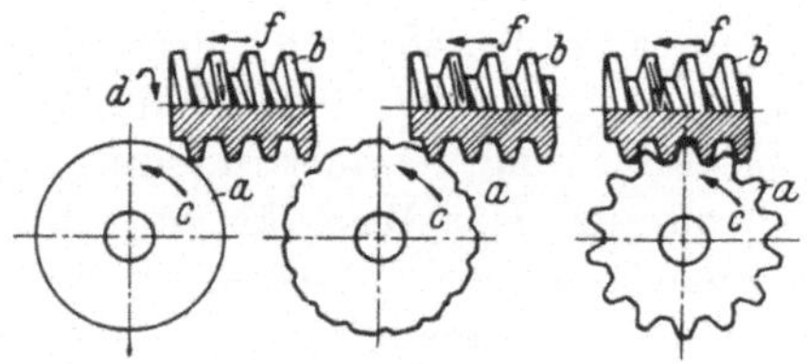 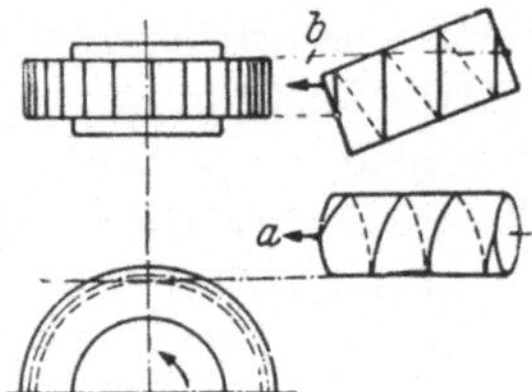

Bilder 2 bis 4. Herstellung von Schneckenrädern in drei Arbeitsstufen.

Bild 5. Herstellung eines Stirnrades nach dem Tangentialverfahren.

angeordnet werden, daß er beim Vorschub in Pfeilrichtung *a* die ganze Zahnbreite bestreicht. Er verkörpert dann auf seiner Bahn *b* eine mit dem Rad kämmende Zahnstange.

Bei dem beschriebenen Verfahren werden zylindrische Fräser benutzt. Auch zur Herstellung von Palloid-Spiralkegelrädern ist die Verwendung zylindrischer Fräser möglich; praktisch verwendet man konische Fräser. Der schneckenförmige Fräser *b* kommt hierbei gemäß Bild 6 auf einer kreisbogenförmig gekrümmten Bahn mit dem zu verzahnenden Radkörper in Eingriff. Wie das Bild zeigt, ist der Fräser derart eingestellt, daß sein eines Ende weiter vom Mittelpunkt entfernt liegt als sein anderes Ende. Demzufolge beschreibt die erzeugende Mantellinie des Fräsers bei einer Schwenkbewegung d um die Kegelspitze des Radkörpers eine kreisringförmige Fläche f, deren Breite zum wenigsten der Zahnbreite des herzustellenden Rades entsprechen muß. Auch hier verkörpert der Fräser in seiner Bahn f eine Planverzahnung, das sog. Planrad.

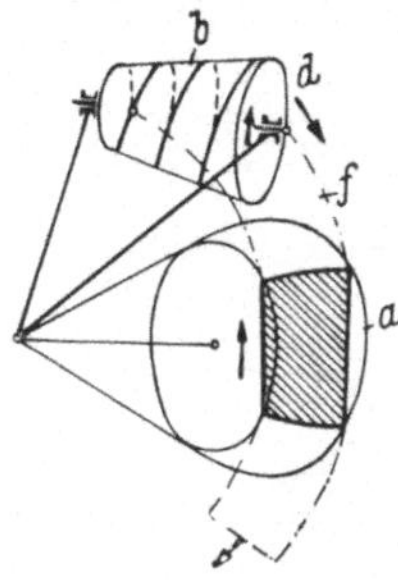

Bild 6. Herstellung von Palloid - Spiralkegelrädern. Der Schneckenfräser b wird auf einer kreisbogenförmig gekrümmten Bahn f bewegt.

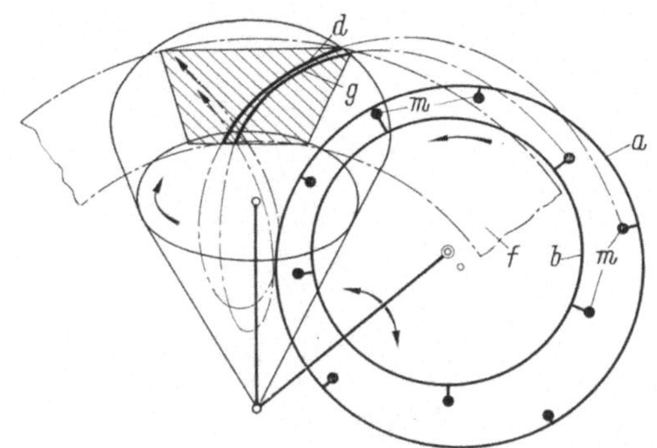

Bild 7. Herstellung von Zyklo-Palloid-Spiralkegelrädern. Der aus zwei Teilen ineinander geschachtelte Messerkopf a, b wird auf einer kreisförmigen Bahn f bewegt.

Im Vergleich zu der Herstellung von Stirnrädern, bei der einem jeden Fräserzahn eine bestimmte Strecke des Zahnprofils zur Bearbeitung zugewiesen wird, ist noch bemerkenswert, daß bei der Herstellung von Palloid-Spiralkegelrädern jeder Fräserzahn auf einem Teil der Zahnlänge das Profil vom Zahnkopf bis zum Zahnfuß allein bearbeitet, und zwar indem er es mit zahlreichen, eng aufeinander folgenden Hüllschnitten einhüllt. (Einzelheiten des Verfahrens s. S. 12.)

Bild 7 veranschaulicht das Zyklo-Palloid-Verfahren. Wie ein Vergleich der Bilder 6 und 7 lehrt, besteht zwischen den beiden Verfahren eine weitgehende Übereinstimmung. Der Messerkopf besteht aus zwei exzentrisch zueinander angeordneten Teilen. Die Messer m des einen Teiles a liegen auf einem größeren Flugkreis als die des Teiles b und erzeugen dementsprechend eine schwächere Krümmung der hohlen Flanken d als die der erhabenen Flanken g. So entsteht die angestrebte ballige Flankenanlage. Einzelheiten des Verfahrens s. S. 18.

1.3 Kennzeichnende Merkmale

Im Vergleich zu geradverzahnten Kegelrädern haben Spiralkegelräder einen größeren Überdeckungsgrad, wie ein Vergleich der Bilder 8 und 9 ohne weiteres erkennen läßt. Bei Geradzahnkegelrädern wird die Eingriffsdauer ausschließlich von der Profilüberdeckung bestimmt; bei Spiralkegelrädern kommt zu der Profilüberdeckung, die sog. Sprungüberdeckung. Auf diese Zusammenhänge ist es auch zurückzuführen, daß Spiralkegelräder bis herunter zu 4 und noch weniger Zähnen verwendet werden können.

Bild 8 Zahneingriff bei
Geradzahnkegelrädern.

Bild 9 Zahneingriff bei
Spiralkegelrädern.

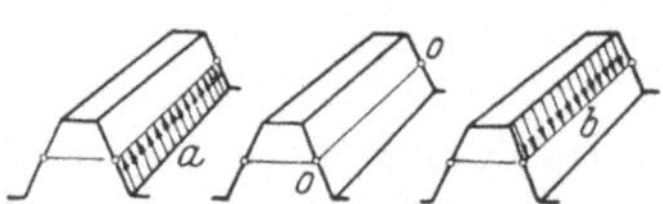

Bilder 10 bis 12. Umkehr der Gleitrichtung auf der Wälzlinie $O-O$ von Richtung a nach Bild 10 in Richtung b nach Bild 12.

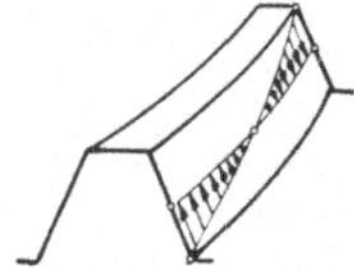

Bild 13. Die Gleitrichtung mehrerer, in gleichmäßigem Eingriff befindlicher Spiralzähne auf einen Zahn projiziert.

Kennzeichnend ist auch die Art der Gleitbewegung zwischen den kämmenden Zahnflanken. Bei Geradzahnkegelrädern kehrt die Gleitbewegung auf der ganzen Zahnbreite gleichzeitig um, wie es die Bilder 10 bis 12 andeuten. Bei Spiralkegelrädern wird die abwärts gerichtete Gleitbewegung der einen Zahnpartie ausgeglichen durch die gleichzeitig nach oben gerichtete Gleitbewegung anderer Zahnpartien. Bild 13 zeigt die auf eine Zahnflanke projizierte Gleitbewegung in den verschiedenen Abrollstadien der Zähne.

Die höhere Bruchfestigkeit spiralverzahnter Kegelräder liegt zum Teil in der großen Zahl der im Eingriff befindlichen Zähne, zum Teil auch in der größeren Widerstandsfähigkeit bogenförmiger Körper begründet. Auch ist zu berücksichtigen, daß der gerade Kegelradzahn auf seiner ganzen Länge gleichzeitig, und zwar mit dem Hebelarm h (Bild 14) beansprucht wird, während bei Spiralkegelrädern infolge des Umstandes, daß die Zähne an einem Ende mit ihrem Fuß zur Anlage kommen und daß dann die Zahnberührung mit fortschreitender Drehung allmählich diagonal über die Zahnflanke zum anderen Ende wandert, mit einem Durchschnittswert von $^1/_2$h für den wirksamen Hebelarm gerechnet werden darf, wie es in Bild 15 angegeben ist.

Als kennzeichnendes Merkmal der Palloid- und Zyklo-Palloid-Spiralkegelräder ist endlich ihre Verlagerungsfähigkeit zu nennen. Geradzahnkegelräder und auch manche Systeme spiralverzahnter Kegelräder waren früher so ausgebildet, daß sie auf der ganzen Zahnbreite tragen sollten. Praktisch treten nun aber häufig Abbiegungen und Verlagerungen der Räder aus ihrer theoretischen Einbaustellung auf. Solche Lageveränderungen schließen die Gefahr des Kantentragens mit unkontrollierbar großer Kantenbelastung ein (Bild 16).

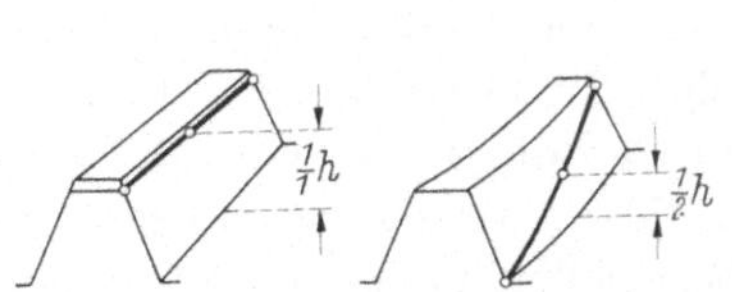

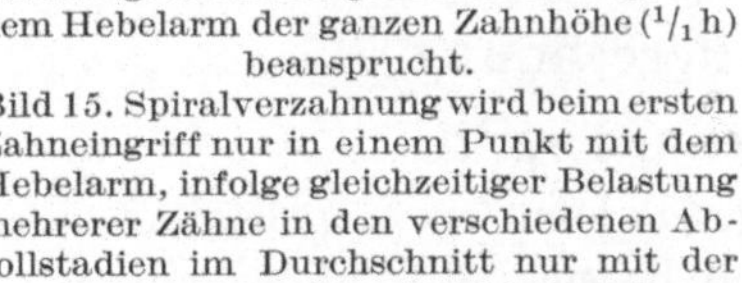

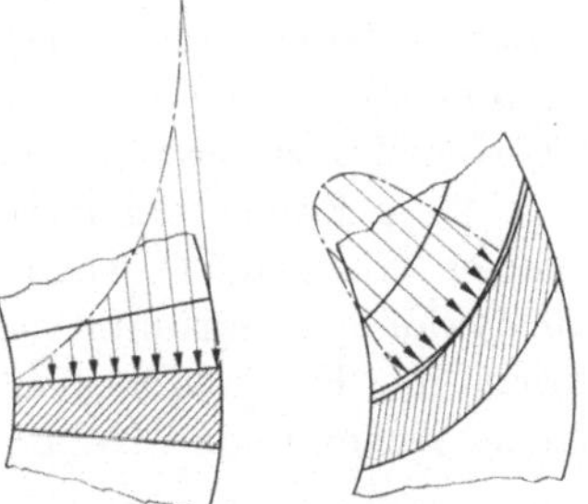

Bilder 14 und 15.
Bild 14. Geradverzahnung wird beim ersten Zahneingriff auf der ganzen Zahnlänge mit dem Hebelarm der ganzen Zahnhöhe ($^1/_1$ h) beansprucht.
Bild 15. Spiralverzahnung wird beim ersten Zahneingriff nur in einem Punkt mit dem Hebelarm, infolge gleichzeitiger Belastung mehrerer Zähne in den verschiedenen Abrollstadien im Durchschnitt nur mit der halben Zahnhöhe ($^1/_2$ h) belastet.

Bilder 16 und 17.
Bild 16. Geringe Verlagerungen bewirken bei Geradzahnkegelrädern unkontrollierbar große Kantenbelastung.
Bild 17. Die ballige Zahngestaltung bei Spiralkegelrädern verhindert auch bei Lageveränderungen das gefürchtete Kantentragen.

Richtige Lagerausbildung vorausgesetzt, besteht diese Gefahr bei Spiralkegelrädern nicht, weil hier die Zahnanlage nicht ganz bis an die Zahnenden heranreicht. Das begrenzte Tragen wird durch einen Krümmungsunterschied zwischen den hohlen und erhabenen Flanken erreicht.

Auf Belastungsschwankungen reagiert die Verzahnung durch ein Wandern des Tragbildes nach dem einen oder anderen Zahnende hin. Wesentlich ist dabei, daß selbst bei Lageveränderungen unkontrollierbar große Kantenpressungen unmöglich sind (vgl. Bilder 16 und 17).

Ein Belastungsversuch der Palloid-Spiralkegelräder auf der Prüfmaschine zeigt, daß die Tragbilder mit zunehmender Last größer werden (Bilder 18 und 19). Daraus ist zu folgern, daß der spezifische Flächendruck weniger stark anwächst als die zunehmende Belastung.

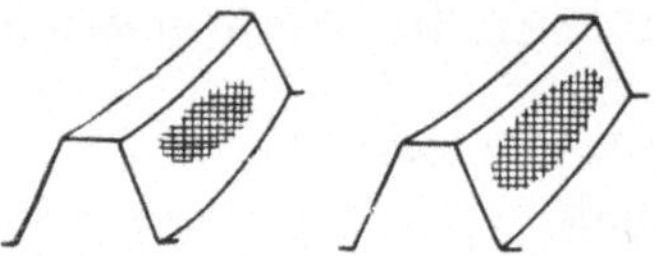

Bilder 18 und 19.
Bild 18. Palloidzahn, unbelastet.
Bild 19. Palloidzahn unter Last; das Tragbild wird
größer.

1.4 Die Wortzeichen „Palloid", „Zyklo-Palloid" und „AVAU"

Klingelnberg-Spiralkegelräder sind unter dem eingetragenen Wortzeichen „Palloid" bekanntgeworden. Das Wort „Palloid" wurde in Anlehnung an das griechische Wort pallein = schwingen gebildet und soll darauf hinweisen, daß die Räder die unvermeidlichen Schwingungen des Betriebes aufzunehmen vermögen, daß sie verlagerungsfähig sind.

Mit Palloid werden diejenigen Klingelnberg-Räder bezeichnet, die mit einem Kegelfräser verzahnt sind. Die mit einem Messerkopf geschnittenen Klingelnberg-Räder tragen das Kennzeichen Zyklo-Palloid. Bestimmend für dieses Wortzeichen war die Tatsache, daß die Zähne solcher Räder nach Zykloiden gekrümmt sind. Mit „AVAU" werden Spiralkegelrad-Getriebe mit Klingelnbergverzahnung bezeichnet, deren Achsen gegeneinander versetzt sind. Näheres s. S. 49.

2. Geometrische Berechnung

2.1 Festlegung der Grundbegriffe

Wie ein Stirnrad an einer Zahnstange, so kann ein Kegelrad an einer Zahnscheibe abrollen. Diese als Planrad bezeichnete Zahnscheibe, also ein Kegelrad mit einem Kegelwinkel von 180°, bildet nach DIN 868 die Bezugsgrundlage sämtlicher Kegelradverzahnungen. Auch die Verzahnung der Spiralkegelräder wird auf das Planrad bezogen.

Bild 20 zeigt, wie man sich das körperlich nicht vorhandene, gedachte Planrad im Eingriff mit den beiden Rädern eines Radpaares vorzustellen hat. Da von zwei kämmenden Spiralkegelrädern das eine Rad nach Rechtsspiralen und das andere Rad nach Linksspiralen gekrümmte Zähne hat, weist das Planrad, von der Seite des einen Rades aus betrachtet, Linksspiralen und, von der Seite des anderen Rades aus betrachtet, Rechtsspiralen auf.

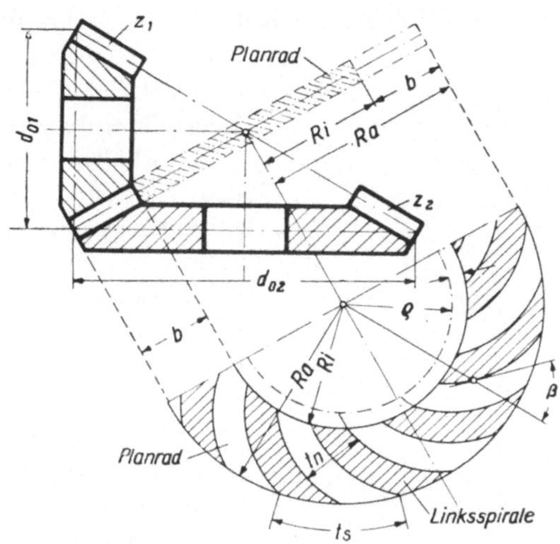

Bild 20. Kegelräder mit senkrecht sich schneidenden Achsen und zugehörigem Planrad.

Zur Bestimmung des Planrades dienen die in Bild 20 eingetragenen Bezeichnungen. Es bedeuten in den folgenden Formeln:

R_a — Äußere Teilkegellänge, d. h. die Entfernung der gedachten Kegelspitze vom äußeren Raddurchmesser, am Mantel des Teilkegels gemessen.

R_i — Innere Teilkegellänge, d. h. die Entfernung der gedachten Kegelspitze vom inneren Raddurchmesser, am Mantel des Teilkegels gemessen.

b — Zahnbreite.

t_n — Normalteilung.

$m_n = t_n/\pi$ — Normalmodul.

t_s — Stirnteilung.

$m_s = t_s/\pi$ — Stirnmodul.

z_p, z_1, z_2 — Zähnezahlen des Planrades, des kleinen und des großen Rades.

ϱ — Grundkreishalbmesser bei der Palloidverzahnung, zugleich: Normalteilkreis-Halbmesser, d. i. Halbmesser eines Kreises mit einer am Umfang gemessenen, dem Werte t_n entsprechenden Teilung.

β — Spiralwinkel, d. i. der Winkel zwischen dem Radiusvektor und der jeweiligen Tangente an die zahnerzeugende Kurve.

α_n — Eingriffswinkel, senkrecht zu den Zähnen gemessen.

n_1, n_2 — Drehzahlen des kleinen und des großen Rades.

2.2 Das Zahnprofil und seine zeichnerische Wiedergabe

Mit zahnförmigem Werkzeug erzeugte Kegelradflanken sind nach exakter Begriffsbestimmung keine Kugelevolventen, sondern weichen zum Kopf und Fuß hin geringfügig von diesen ab. Nach ihrer auf der Kugelfläche in ihrer vollen Erstreckung 8förmigen Eingriffslinie werden sie als Oktoidenverzahnungen bezeichnet. Angesichts der Geringfügigkeit der Abweichungen betrachtet man nach TRETGOLD mit für die Beurteilung der Zahnform, der Eingriffsverhältnisse usw. ausreichenden Näherung die Kegelradverzahnung als eine auf dem Ergänzungskegel, der sich der Kugeloberfläche tangential anschmiegt und in die Ebene abwickelbar ist, aufgewickelte Stirnrad-Evolventenverzahnung. In Bild 21 ist a das zum Kegelrad b vergleichsweise einzusetzende Stirnrad.

Der Teilkreishalbmesser $r'_{mo\,1,2}$ dieses Stirnrades entspricht der Mantellinienlänge des Ergänzungskegels. Mit den Zeichen des Bildes 21 ist:

$$r'_{mo\,1,2} = \frac{r_{mo1,2}}{\cos \delta_{o1,2}} . \tag{1}$$

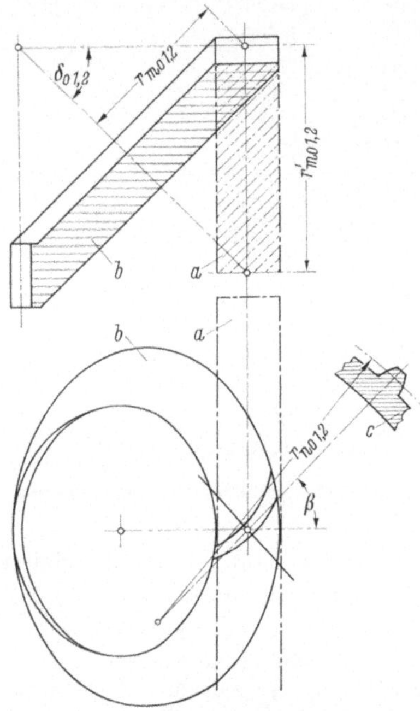

Bild 21. Im Stirnschnitt wird das Profil eines Kegelrades als das Profil eines Stirnrades a betrachtet, im Normalschnitt als das einer Stirnverzahnung mit dem Halbmesser $r_{no1,2}$.

Sollen die Untersuchungen im Normalschnitt, also um den Spiralwinkel β geneigt zur Radialebene erfolgen, so sei der Krümmungsradius der entsprechenden Ellipse im Bereich des zu untersuchenden Zahnes mit $r_{no\,1,2}$ die zugehörige Ergänzungszähnezahl mit z_n bezeichnet. Dann ist:

$$z_{n\,1,2} = \frac{z_{1,2}}{\cos^3 \beta \cdot \cos \delta_{o1,2}} \tag{2}$$

und der Halbmesser

$$r_{no\,1,2} = z_{n\,1,2} \cdot m_n . \tag{3}$$

Zeichnerische Profiluntersuchungen sind vor allem angebracht, wenn
die Bruchfestigkeit mehrerer Auslegungen für den selben Verwendungszweck bei sonst gleichen Hauptabmessungen verglichen werden sollen.
Diese Untersuchung wird im Regelsfall im Normalschnitt vorgenommen,
und zwar in Zahnmitte, d. h. im Abstand $R = R_a - 0{,}5\,b$ vom Planrad-
mittelpunkt. Das Beispiel einer solchen Zeichnung bringt Bild 22. Ist
auch die Kopfdicke und der Unterschnitt zu prüfen, so wird auch der
Normalschnitt am kleinen Raddurchmesser untersucht. Die Formeln für
den Spiralwinkel β sind auf den Seiten 14 und 15 enthalten.

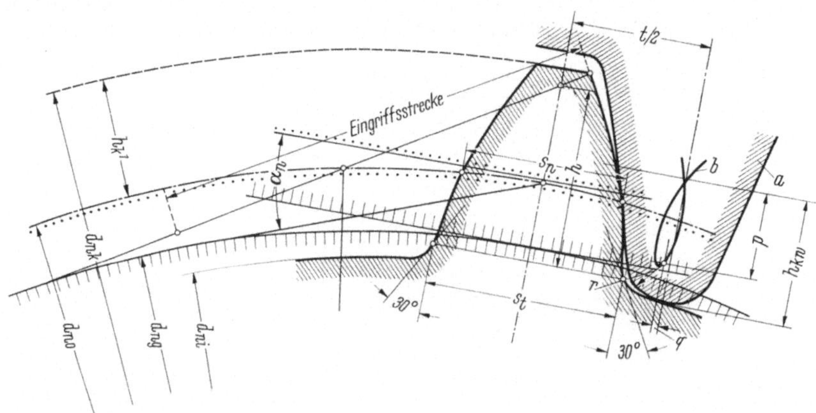

Bild 22. Zeichnerische Darstellung des Normalprofils und Untersuchung eines etwaigen
Unterschnittes.

Zur zeichnerischen Bestimmung der Fußausrundung zeichnet man zunächst die Mittellinie des zu untersuchenden Zahnes und rechtwinkelig
hierzu eine Tangente an den Teilkreis $d_{no} = d_{nk} - h_k$, $h_{k\,1,2} = (1 \pm x_{1,2}) \cdot$
$\cdot m_n$. Im Abstand $t/2 = \dfrac{m_n \cdot \pi}{2}$ von der Zahnmittellinie entfernt, verläuft
parallel dazu die Mittellinie des Fräserzahnes a. Von den sich recht-
winkelig kreuzenden Linien entfernt liegt im Abstand p und q der
Mittelpunkt des Fräserzahn-Kopfradius. Dieser Punkt beschreibt beim
Wälzen eine Schleifenevolvente des Teilkreises, aufgezeichnet nach
bekannter Regel. Von ihr aus schlägt man mit dem Kopfradius r einige
Kreisbögen. Diese hüllen die geschnittene Fußrundung ein.

An den Fußausrundungen zeichnet man Tangenten unter 30° Neigung
zur Zahnmitte. Eine Verbindungslinie der Tangierungspunkte hat die
Länge der für die Festigkeit maßgebenden Zahnfußdicke s_t.

Die Zeichnung Bild 22 veranschaulicht einen Palloidzahn. Ein Zyklo-Palloidzahn wird grundsätzlich gleich behandelt, nur ist zu beachten, daß sich bei diesem die Zahndicke im Normalschnitt nach innen hin stärker verjüngt, wie auf S. 31 noch näher beschrieben wird.

2.3 Mathematische Grundlagen des Palloid-Verfahrens

2.31 Der kegelige Fräser

Alle Wälzfräser für Spiralkegelräder haben einen Teilkegelwinkel von 30°, Bilder 23 und 24. Sie sind alle eingängig. Ihre über die ganze Länge gleichbleibende Mantellinienteilung t_m ist $m_n \cdot \pi$. Ausgangspunkt für die Bemaßung des Fräsers ist der erste voll ausgebildete Zahn a am kleinen Durchmesser d_o.

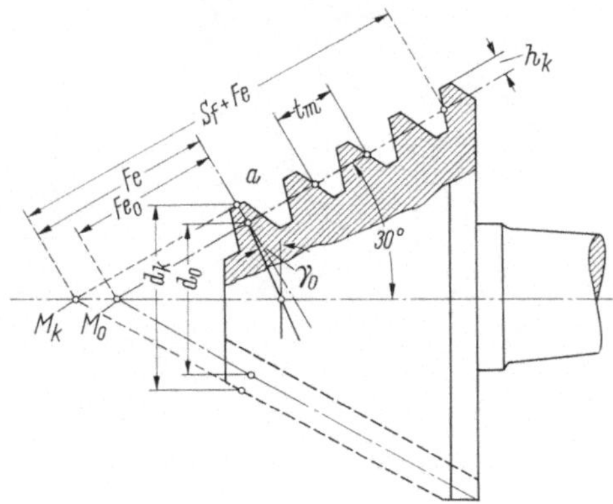

Bild 23. Kegeliger Wälzfräser, z. T. im Schnitt.

Über seine Kopfflächen hinweg wird der zugehörige Außendurchmesser d_k gemessen und von ihm aus der Durchmesser des Teilkegels bestimmt. Es ist

$$d_o = d_k - 2{,}25\,m_n \,. \tag{4}$$

Die Mantellinie des Kopfkegels von a bis zur Kopfkegelspitze M_k heißt Kegeldistanz Fe, von a zum großen Durchmesser hin, soweit der Fräser das Rad voll auszuschneiden vermag, Schnittlänge S_f. Aus der Außenkegeldistanz Fe bestimmt man die entsprechende Distanz auf dem Teilkegel:

$$Fe_o = Fe - \frac{1{,}3\,m_n}{\tan 30°} = Fe - 2{,}25\,m_n \,. \tag{5}$$

Bei dem auf $30°$ festgelegten Kegelwinkel entspricht die Länge des Kegelmantels von der Kegelspitze bis zu einem bestimmten Durchmesser der Größe dieses Durchmessers, so ist $Fe = d_k$ und $Fe_o = d_o$, $d_{ko} = S_f + Fe_o$.

Der Steigungswinkel γ des Schneckenganges auf dem Teilkegel beträgt

$$\tan \gamma = \frac{t_m}{\pi \cdot d_o} \text{ und wegen } t_m = m_n \cdot \pi \text{ ist } \tan \gamma = \frac{m_n \cdot \pi}{\pi \, d_o} = \frac{m_n}{d_o}.$$

Wie später noch zu erklären ist, hat der Steigungswinkel γ_o des ersten vollen Fräserzahnes, auf den Fe_o bezogen wird, eine besondere Bedeutung. Es ist

$$\tan \gamma_o = \frac{m_n}{d_o}. \tag{6}$$

Die Schraubengänge des kegeligen Wälzfräsers beschreiben in eine Ebene abgewickelt, archimedische Spiralen. Von dieser gehen alle auf einem gemeinsamen Radiusvektor errichteten Normalen durch einen gemeinsamen Punkt, der vom Ursprung den Abstand p hat (Polarsubnormale). Für sie gilt die Gleichung

$$p = \frac{t_m}{2 \cdot \pi \cdot \sin \varkappa} \ (\varkappa = \text{Kegelwinkel}).$$

Da $t_m = m_n \cdot \pi$ und $\varkappa = 30°$, $\sin 30° = 0,5$, ist $p = \dfrac{m_n \cdot \pi}{2 \cdot \pi \cdot 0,5} = m_n$.

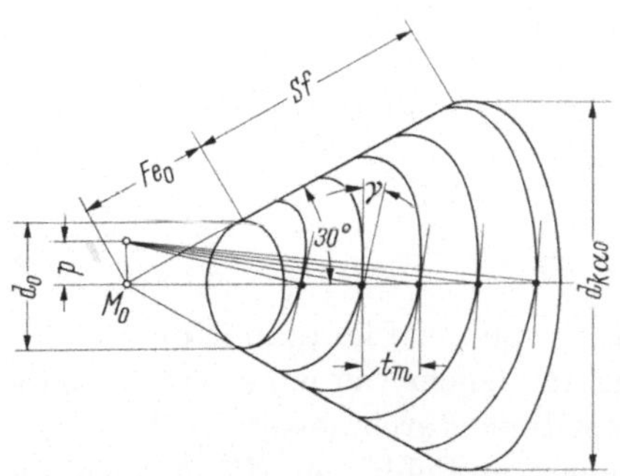
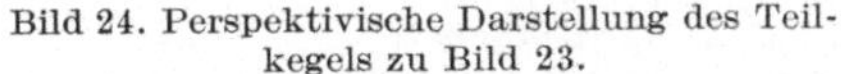

Bild 24. Perspektivische Darstellung des Teilkegels zu Bild 23.

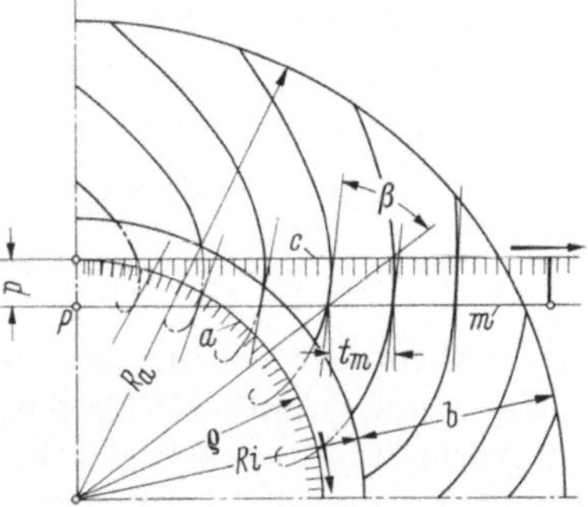

Bild 25. Die Flankenlinien im Planrad.

2.32 Die Flankenlinien des Planrades

Wie schon früher erläutert, ist das Planrad ein gedachter, verzahnter ebener Kreisring, der mit dem zu verzahnenden Rad kämmt. Die Radien des Planrades sind Mantellinien des zu verzahnenden Rades. Beim Ver-

zahnen liegt die Teilmantellinie des Fräsers auf der Teilebene des Planrades, und zwar tangential zu einem um die Planradmitte geschlagenen
Kreis. Die Entstehung der Flankenlinien ist auf zwei Bewegungen zurückzuführen, auf eine Drehung des Planrades und eine Drehung des Fräsers.
Wie bei jeder Schnecke bewirkt ihre Drehung ein Wandern ihrer Schnittpunkte auf der Mantellinie in Richtung dieser Mantellinie.

Nun gibt es auf der Teilebene des sich drehenden Planrades einen Kreis
a, Bild 25, dessen Umfangsgeschwindigkeit der Wandergeschwindigkeit
der Schneidenschnittpunkte auf der Mantellinie m des Fräsers entspricht.
Man nennt ihn Grundkreis oder Normalteilkreis, sein Halbmesser ist ϱ.
Man kann sich eine Linie vorstellen, die parallel zur Fräsermantellinie
m verläuft und den Teilkreis ϱ tangiert (Linie c). Punkte dieser Linie
sollen die gleiche Geschwindigkeit haben wie die wandernden Punkte
der Fräsermantellinie m. Lägen die erzeugenden Schnittpunkte auf der
Linie c, so würden normale Evolventen entstehen. Sie liegen aber auf
der Mantellinie m des Fräsers, wodurch die Flankenlinien nach verlängerten Evolventen gekrümmt werden. Den Winkel zwischen einer Tangente
an eine Flankenlinie und einem durch den Tangierungspunkt gehenden
Radiusvektor nennt man Spiralwinkel β. Der Spiralwinkel der verlängerten Evolvente ist

$$\beta = \varphi - \psi , \qquad (7)$$

wobei die Hilfswinkel φ und ψ nach den Formeln $\cos \varphi = \dfrac{\varrho - m_n}{R}$ und

$\tan \psi = \dfrac{m_n}{R \cdot \sin \varphi}$ bestimmt werden. Im Regelsfall reicht die Formel für
die normale Evolvente aus. Sie lautet

$$\cos \beta = \frac{\varrho}{R} \qquad (8)$$

(R = Abstand des Tangierungspunktes von der Planradmitte).

Nur wenn Punkte der Flankenlinie untersucht werden sollen, die nahe
am Normalteilkreis ϱ liegen, etwa am Innendurchmesser des Planrades
zum Aufzeichnen der Zahndicke innen, empfiehlt sich die Anwendung
der Formel (7).

2.33 Die richtige Lage des Fräsers im Planrad

Die voraufgegangenen Erläuterungen machten deutlich, daß die Flanken
des Planrades vom Fräser nicht zerschnitten werden, wenn seine Mantellinie einen Kreis tangiert, der um m_n kleiner als der Grundkreis ϱ ist,

wobei die Teilkegelspitze im Tangierungspunkt p liegt, Bild 25. Es leuchtet ein, daß weiterhin die Schnittlänge S_f des Fräsers die Breite des Planrades $(R_a - R_i)$ nach beiden Seiten hin überbrücken muß. Vor seiner Einstellung steht der Fräser senkrecht zu der Planrad-Radialen R. Aus dieser Stellung muß er um den Winkel β_{Fk} in seine Arbeitsstellung eingeschwenkt werden. Wie eine Betrachtung des Bildes 26 erkennen läßt, ist

$$\tan \beta_{Fk} = \frac{Fe_0}{\varrho - m_n} \,. \tag{9}$$

Nach Bild 26 ist der Fräser zum Verzahnen eines Rades mit dem dargestellten Planrad geeignet. Reicht S_f am Innen- oder Außendurchmesser nicht aus, so wählt man eine andere Fräserausführung oder ändert die Verzahnungsdaten ϱ, R_i und R_a.

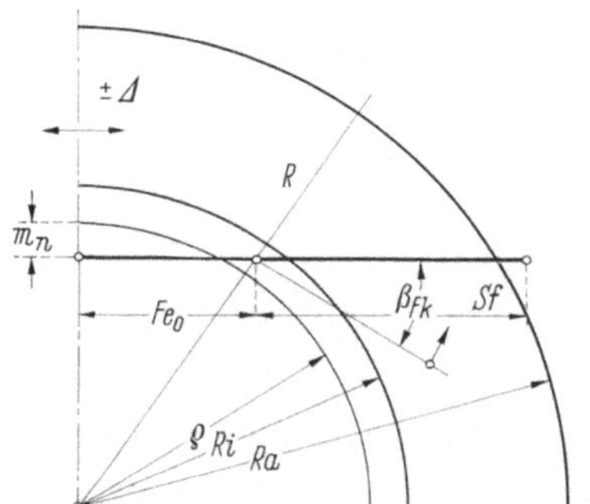

Bild 26. Die richtige Lage des Fräsers im Planrad.

Sind die Abweichungen nur gering, so führt mit vielfach ausreichender Genauigkeit eine Korrektureinstellung des Fräsers zum Ziel. Man verschiebt je nach den Erfordernissen die Kegelspitze über den Tangierungspunkt p hinaus oder hinein ($\pm \Delta$). Natürlich muß dann auch der Einstellwinkel des Fräsers β_{Fk} korrigiert werden, und zwar um den Unterschied zwischen dem Steigungswinkel des Fräserzahnes im Abstand Fe_0 von der Kegelspitze und dem Steigungswinkel des davon um $\pm \Delta$ abstehenden Zahnes. Der Korrekturwinkel beträgt:

$$\beta_{Fk\,korr} = \beta_{Fk} \pm (\gamma_1 - \gamma_2), \tag{10}$$

dabei ist $\tan \gamma_1 = \dfrac{m_n}{Fe_0}$, $\tan \gamma_2 = \dfrac{m_n}{Fe_0 \pm \Delta}$.

Bezeichnet man den Unterschied in den Steigungswinkeln mit $\Delta \beta_{Fk}$ und berücksichtigt, daß im Hinblick auf die Kleinheit der Steigungs-

und Korrekturwinkel der Tangens in den Formeln für den Steigungswinkel ohne weiteres gleich dem Bogenmaß gesetzt werden kann, so ist
für den Fall $+\,\varDelta$ in Min.

$$\varDelta\beta_{Fk} = 3440 \cdot m_n \left(\frac{1}{Fe_o} - \frac{1}{Fe_o + \varDelta} \right) \tag{11}$$

und für $-\,\varDelta$:

$$\varDelta\beta_{Fk} = 3440 \cdot m_n \left(\frac{1}{Fe_o - \varDelta} - \frac{1}{Fe_o} \right). \tag{12}$$

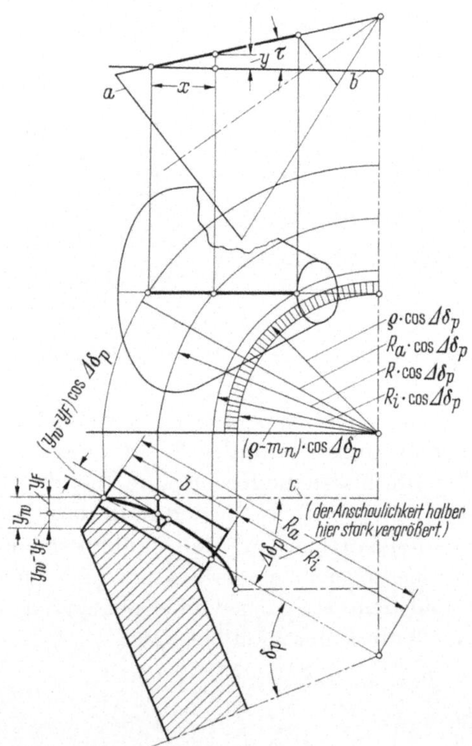

Bild 27. Abhängigkeit des Fräserkippwinkels τ vom Korrektur-Kegelwinkel $\varDelta\delta_p$. Der
Korrekturwinkel $\varDelta\delta_p$ ist im Verhältnis zum Kippwinkel τ stark vergrößert gezeichnet, um
die Entstehung des Ballens anschaulich zu machen.

Die Fräserdistanz *Fe* ist baulich begrenzt. Kommt man mit den oben erklärten Korrekturen nicht aus, so sind noch andere Wege gangbar, die aber in diesem Rahmen unbeachtet bleiben können.

Zur Durchführung der geschilderten Kontrollen stellt das Herstellerwerk Rechentafeln und einen Spezial-Rechenschieber, ein sog. Rechenfenster, zur Verfügung. Ohne ein solches Rechenfenster kann die Überprüfung zeichnerisch mit wenigen Strichen und Kreisen erfolgen, so wie es Bild 26 andeutet.

2.34 Ballige Flankenanlage durch Verkippung des Fräsers

Die ballige Zahnform wurde ursprünglich durch Fräser mit eingeschliffenen Korrekturen, sog. Palloidkurven, erzeugt. Ihre optimale Lage entsprach natürlich nur einer bestimmten Getriebeauslegung. Ein universelleres Verfahren bot sich durch das Beschreiten des folgenden Weges: Wie Bild 27 zeigt, wird der Fräser *a* um einen geringen, in Bild 27 der Anschaulichkeit halber stark übertriebenen Winkel mit seiner Kegelspitze aus der Planebene *b* herausgehoben. Die Teilkegelmantellinie bildet mit der Teilebene einen Winkel τ, den sog. Fräserkippwinkel. Infolgedessen beschreibt die wirksame Mantellinie des Fräsers bei ihrer Drehung um die Planradmitte nicht mehr eine ebene Ringfläche, sondern infolge ihrer Lage als Tangente zu einem um die Planradmitte geschlagenen Kreis ein Hyperboloid. Dieses Hyperboloid mit seinem Teilkegelwinkel, etwas kleiner als 90°, ist das Erzeugungsrad *c*, an dem das Werkrad abgewälzt wird.

Die Größe des Fräserkippwinkels τ ist abhängig von den Planraddaten. Auf Grund folgender Überlegung ist er zu bestimmen:

Die Daten des Erzeugungsrades sind nach Bild 27 R_a, R_i und *b*. In einer Projektion auf eine achsensenkrechte Ebene sind sie mit dem Cosinus des Ballenwinkels $\varDelta\delta_p$ zu multiplizieren. Als Höhe *y* eines Punktes der Hyperbel über der Planebene ergibt sich $y = \tan\tau \cdot x$.

Als einfache, ausreichend genaue Näherungsgleichung gilt:

$$\tan\tau = \frac{\tan\varDelta\delta_p \cdot \sqrt{R^2 - (\varrho - m_n)^2}}{\cos\varDelta\delta_p \cdot R}.\tag{12}$$

An der gleichen angenommenen Stelle *R* hat die Teilkegelmantellinie des um den Winkel $\varDelta\delta_p$ verschwenkten Rades eine Höhe y_w über der achssenkrechten Ebene durch den äußersten Randpunkt. Aus der Differenz $y_w - y_f$ erhält man die Höhe des Ballens an der Stelle *R* senkrecht zur Planscheibenebene gemessen. Es ist aber nicht nach der Höhe in dieser Richtung gefragt, sondern nach seiner senkrechten Höhe zur Kegelfläche des Rades, weshalb der gefundene Wert mit $\cos \varDelta \delta_p$ multipliziert werden muß, wenn man das kurze Kurvenstück als Gerade ansieht, was bei den nur kleinen Winkelwerten berechtigt ist.

Die abschließende Durchführung dieser Rechnung ist verwickelt und für die Berechnung eines jeden Getriebes zu zeitraubend. Deshalb wurden diese Rechnungen vom Herstellerwerk für die gängigen Abmessungen durchgeführt und in einfach abzulesenden Tafeln niedergelegt. Die Tafeln sind für den Normalfall $R = R_a - 0{,}55b$ und das Verhältnis $\dfrac{b}{m_n} = 10$ bis 6 angelegt. $\varDelta \delta_p$ ist darin abzulesen, abhängig von den Größen $\dfrac{R_a}{b}$ und z_p. $\varDelta \delta_p$ ist ein kleiner Winkel. Im äußersten Falle beträgt er $7°$. Nachdem $\varDelta \delta_p$ bestimmt ist, kann τ nach Gleichung 12 berechnet werden, wobei zweckmäßig die folgende Umformung vorgenommen wird.

$$\tan \tau = \frac{\tan \varDelta \delta_p}{\cos \varDelta \delta_p} \cdot \sqrt{1 - \left(\frac{\varrho - m_n}{R}\right)^2} . \qquad \text{Da } \cos \gamma = \frac{\varrho - m_n}{R} \text{ ist, und}$$

$$\sqrt{1 - \cos^2 \gamma} = \sin \gamma \qquad \text{folgt}$$

$$\tan \tau = \frac{\tan \varDelta \delta_p \cdot \sin \gamma}{\cos \varDelta \delta_p} , \tag{13}$$

wobei γ nach der obigen Formel für $\cos \gamma$ bestimmt wird.

Auch für τ wurde vom Herstellerwerk eine Leitertafel geschaffen. τ beträgt maximal etwa $6°$.

2.4 Mathematische Grundlagen des Zyklo-Palloid-Verfahrens

2.41 Der Messerkopf

Wie schon eingangs dargelegt, kann der hier benutzte Messerkopf als eine Planschnecke angesehen werden, deren Messer sich in den zu schneidenden Lücken verschrauben. Da jedes Messer nur mit einer Flanke schneidet, gehören zum Ausarbeiten einer Zahnlücke zum mindesten zwei Messer, ein innenschneidendes für die erhabenen Flanken und ein aussenschneidendes für die hohlen Flanken. Diesen beiden Hauptmessern können Messer zum Vorarbeiten, sog. Mittelschneider, zugeordnet sein. Die beiden Hauptmesser und ihre etwaigen Mittelschneider bilden eine Messergruppe, die bei jedem Durchgang die gleiche Zahnlücke durchläuft. Je nach der Zahl der Messergruppen unterscheidet man ein- und mehrgängige Messerköpfe, gekennzeichnet durch das Kurzzeichen z_w. Bild 28

zeigt eine solche Messergruppe. A ist der Innenschneider, D der Außenschneider, B und C Mittelschneider.

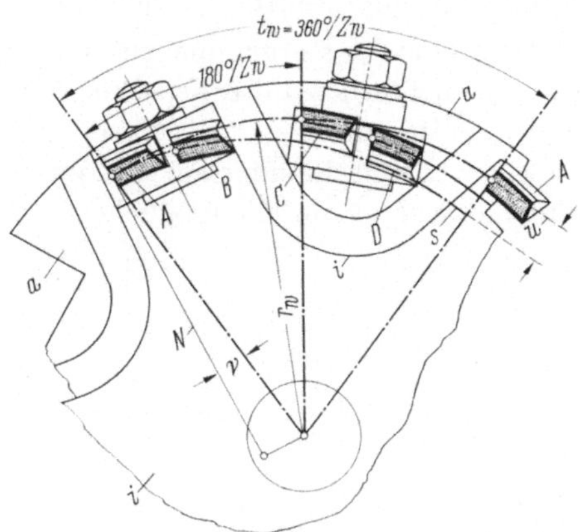

Bild 28. Messergruppe eines zweiteiligen Messerkopfes.

Bild 29 dient zur Erläuterung von Einzelheiten an einem schematisch
dargestellten eingängigen Messerkopf a. In der Darstellung hat der
Außenschneider b den zu verzahnenden Radkranz d erreicht. Wenn sich
der Radkranz um eine Zahnteilung t gedreht hat, muß sich der Messerkopf, da er eingängig ist, einmal ganz gedreht haben, damit b die hohle
Flanke der nächsten Lücke ausschneiden kann. Vorher muß aber von
dem Innenschneider c die Gegenflanke geschnitten werden. Diese liegt
um $t/2$ von der hohlen entfernt. Der Innenschneider muß dementsprechend dem Außenschneider in 180° Winkelabstand folgen, so wie dargestellt. Im Bild sind die Flugkreisradien der Innen- und Außenmesser
(r_a und r_i) gleich groß. Demzufolge erhalten hohle und erhabene Flanken
eine gleich große Krümmung.

Angestrebt wird aber eine ballige Anlage, die hohle Flanke soll schwächer gekrümmt sein. Dieses Ziel wird bei dem Klingelnberg-Verfahren
durch eine Zweiteilung des Messerkopfes erreicht, wie sie in Bild 29 oben
kenntlich gemacht ist. Auch bei der Zweiteilung liegen Innen- und
Außenmesser um 180° zueinander versetzt, einander gegenüber. Die
Drehachse des Innenschneiders c liegt unverändert, während die Drehachse des Außenschneiders b um den Betrag Exz. versetzt wurde. Damit
die Lückenweite unverändert $t/2$ bleibt, wird r_a um den Betrag Exz.

2*

vergrößert. Wie ohne weiteres einleuchtet, wird infolge des Flugkreis-
halbmesserunterschiedes die hohle Flanke schwächer gekrümmt, wie es
angestrebt wurde. Die Größe des Krümmungsunterschiedes wird bestimmt durch die Größe der eingestellten Exzentrizität.

Nach Bild 28 besteht eine Messergruppe aus einem Außen-, einem
Innen- und zwei Mittelschneidern. Alle Innenschneider und jeweilig ein
Mittelschneider sind am Innenteil i des Messerkopfes, alle Außenschneider und die übrigen Mittelschneider am Außenteil a befestigt. Der
leichteren Vorstellung halber und um alle möglichen Messeranordnungen

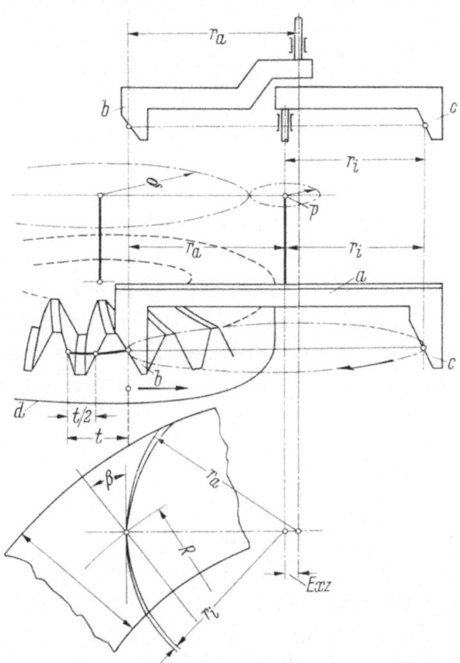

Bild 29. Schematische Darstellung eines eingängigen Messerkopfes, Bild oben: Die Wirkung
seiner Teilung.

in ein System zu fassen, kann man zunächst annehmen, daß die Mittelschneider auf dem Innenteil wie die Innenschneider, denen sie zugeordnet
sind, die erhabenen Flanken schneiden und sinngemäß die Mittelschneider,
die den Außenschneidern zugeordnet sind, wie diese die hohlen Flanken.

Erst nach dieser begrifflichen Vereinfachung, bei der der Innenteil in jeder Gruppe zwei gleichwirkende Innenschneider und der Außenteil in jeder Gruppe zwei gleichwirkende Außenschneider trägt, stellt man sich weiter vor, daß durch radiale Versetzung jeweils eines der Messer vom Flankenschneider in einen Mittelschneider umgewandelt wird. Dank dieser begrifflichen Vereinfachung kann die Reihenfolge, ob Flanken- oder Mittelschneider vorauflaufen, zunächst unbeachtet bleiben. Es wurde schon bemerkt, daß in den Messerköpfen nach Bild 28 die Messer- folge wechselt, nämlich: auf dem Innenteil Innenschneider, Mittel- schneider, auf dem Außenteil Mittelschneider, Außenschneider. Die mit dieser Umstellung der natürlichen Reihenfolge bedingten Krümmungs- unterschiede werden durch eine entsprechende Exz. ausgeglichen. Da- gegen beträgt in den Messerköpfen für Kleinkegelräder der Winkel- abstand zwischen Innen- und Außenschneider stets $180°/z_w$.

Nach Bild 28 sitzen jeweilig 2 Messer in einem gemeinsamen Halter. Die in Verbindung mit Bild 29 aufgestellte Regel gilt im Sinne der oben vorgenommenen Vereinfachung für das vorlaufende Messer der gleichen Halterung, zunächst ohne Rücksicht darauf, ob es sich um einen Flanken- oder Mittelschneider handelt.

Im Bild beträgt die Exzentrizität 0. Der auf die Teilebene bezogene Flugkreishalbmesser r_w der Hauptmesser ist dabei für den Innen- und den Außenschneider gleich groß. Von den vorausgegangenen Überlegun- gen ausgehend, ist der Winkel t_w eines Messerkopfausschnittes für einen Gang

$$t_w = 360°/z_w \; . \tag{14}$$

Die Außenmesser folgen im Winkelabstand $180°/z_w$.

Der Vollständigkeit halber sei hier bemerkt, daß diese Regel für die Normalausführung gilt. Bei Sonderausführungen sind auch andere Werte für t_w möglich.

Die Teilpunkte der Mittelschneider liegen auf einer archimedischen Spirale s. Wenn eine Messergruppe sich um den Winkel t_w gedreht hat, ist ein Teilpunkt des Werkrades um den Betrag u näher an die Messer- kopfmitte gelangt, wie ohne weiteres erkennbar ist

$$u = m_n \cdot \pi \; . \tag{15}$$

N ist die Normale der archimedischen Spirale s. Sie bildet mit einem Radiusvektor des Messerkopfes den Winkel v. Diesen Steigungswinkel

findet man durch die Abwickelung des Bogenstückes $\dfrac{2 \cdot r \cdot \pi}{z_w}$ und die
Teilung von u, also $m_n \cdot \pi$ durch diese Abwickelung. Es ist

$$\sin v = \frac{m_n \cdot z_w}{2 \cdot r_w} . \tag{16}$$

2.42 Die Flankenlinien des Planrades

Die Flankenlinien der Zyklo-Palloid-Verzahnung sind nach verlängerten
Epizykloiden gekrümmt. Eine verlängerte Epizykloide ist die Bahn eines
Punktes, der durch das gleitfreie Abrollen eines Kreises auf einem zweiten bewegt wird, wobei der unveränderliche Abstand dieses Punktes
von der Rollkreismitte größer ist als der Radius des Rollkreises. In

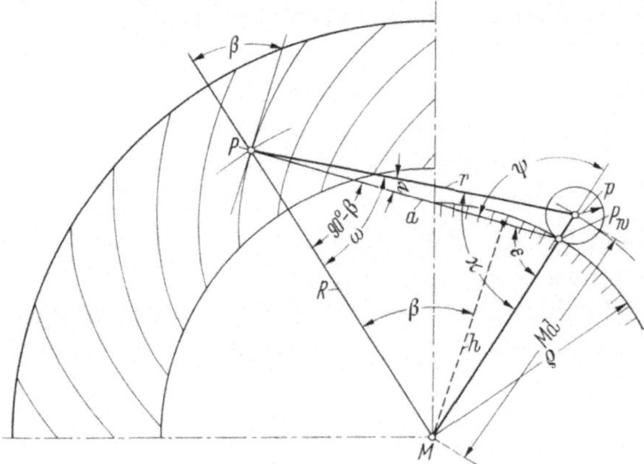

Bild 30. Die geometrischen Grundlagen zur Bestimmung von nach Epizykloiden gekrümmten Flankenlinien.

Bild 30 ist der Radius des Rollkreises mit p, der Radius des Grund-
kreises, auf dem dieser abrollt, mit ϱ bezeichnet. Die Halbmesser dieser
beiden Kreise müssen sich zueinander verhalten wie die Gangzahl des
Messerkopfes zur Zähnezahl des Planrades. Es ist also $\dfrac{p}{\varrho} = \dfrac{z_w}{z_p}$.
Der Abstand Md von der Planradmitte M zur Mitte des Rollkreises muß
in die Radien p und ϱ aufgeteilt werden. $Md = \varrho + p$. Es ist also auch

$$\varrho = \frac{Md}{1 + \dfrac{z_w}{z_p}} . \tag{17}$$

Die Normale a im Punkt P der von diesem beschriebenen Epizykloide verläuft zum Wälzpunkt P_w der beiden Kreise p und ϱ. Eine im Punkt P zu ihr errichtete Senkrechte ist eine Tangente an die Zykloide, also auch an die Flankenlinie. Sie bildet mit dem Radiusvektor R den für die Berechnung der Räder wichtigen Spiralwinkel β. Er ist

$$\beta = 90^\circ + \nu - \omega \,. \tag{18}$$

Die Winkel ω und ν findet man mit den in Bild 30 eingetragenen Zeichen

$$\cos \omega = \frac{r^2 + R^2 - Md^2}{2\,R \cdot r} \tag{19}$$

$$\cos \nu = \frac{2 \cdot r^2 - f}{2 \cdot r \cdot \sqrt{r^2 + p^2 - f}} \,. \tag{20}$$

Dabei ist $p = Md - \varrho$ und $f = \dfrac{p}{Md} \cdot (r^2 + Md^2 - R^2)$.

Zur Ableitung der obigen Formeln können die folgenden, sich auf Bild 30 beziehenden Formeln herangezogen werden

$$a = \sin \beta \cdot R, \quad h = a/\tan \beta, \quad \sin \varepsilon = h/\varrho = \frac{\sin \beta \cdot R}{\tan \beta \cdot \varrho}, \quad \cos \beta = \sin \beta/\tan \beta,$$

$$\sin \psi = \cos(\psi - 90^\circ), \quad \sin \psi = \sin \varepsilon, \quad \sin \nu = \frac{p \cdot \sin \varepsilon}{r} = \frac{p \cdot \cos \beta \cdot R}{\varrho \cdot r} \,.$$

Soll die Epizykloide aufgezeichnet werden, so erhält man eine größere Zeichengenauigkeit, wenn man die Wälzteilung nicht auf dem Rollkreis und dem Grundkreis abträgt, sondern wie folgt verfährt: Nach Bild 31a trägt man auf der Wälzbahn B des Rollenmittelpunktes eine beliebig, nicht zu klein gewählte Teilung mit den Punkten 1, 2, 3, 4 usw. ab. Auch der Flugkreis mit dem Halbmesser r_w wird in die gleiche Anzahl Teilungen mit den Punkten 1, 2 usw. gegliedert. Die Teilung t_r ist abhängig von t_w,

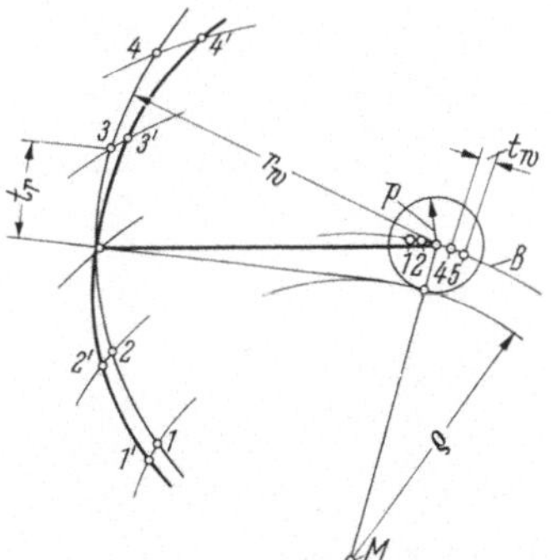

Bild 31a. Zeichnen der Epizykloide.

sie beträgt $t_r = t_w \dfrac{\varrho}{\varrho + p} \cdot \dfrac{r_w}{\varrho}$. Dann schlägt man vom Punkt M aus Kreisbögen durch die Teilpunkte des Flugkreises und schneidet diese mit Bögen vom Radius r_w, die von den Teilpunkten der Wälzbahn B geschlagen werden. Diese Schnittpunkte sind Punkte der gesuchten Epizykloide.

2.43 Die richtige Lage des Messerkopfes im Planrad

Die Lage des Messerkopfes in der Verzahnmaschine wird von den Hauptabmessungen der Planverzahnung wie R_a, R_i, R_m, β_m und z_p bestimmt. Damit er die damit festgelegten Zahnlängslinien ohne Verschnitt erzeugt, muß die Mitte des Messerkopfes um die Maschinendistanz Md aus der Mitte des Planrades versetzt sein. Md ist

$$Md = \sqrt{R_m^2 + r_w^2 - 2 r_w \cdot R_m \cdot \sin(\beta_m - \nu)} \,. \tag{21}$$

Natürlich ist Md baulich begrenzt. Für jede Baugröße ist ein Maximalwert festgelegt. Nachdem man die Hauptabmessungen des Getriebes mittels Rechenschieber überschläglich festgelegt hat, ist zu prüfen, ob das diesen Getriebedaten entsprechende Md auf der zur Verfügung stehenden Verzahnmaschine auch eingestellt werden kann. Formel 21 läßt erkennen, daß eine solche Prüfung, namentlich wenn sie einige Male gemacht werden muß, aufwendig ist. Zur Erleichterung wurden vom Herstellerwerk dafür Übersichtstafeln in Abhängigkeit von den angenommenen Verzahnungsdaten entwickelt. Stehen diese nicht zur Verfügung, hilft auch eine zeichnerische Prüfung weiter, die wie folgt erklärt wird.

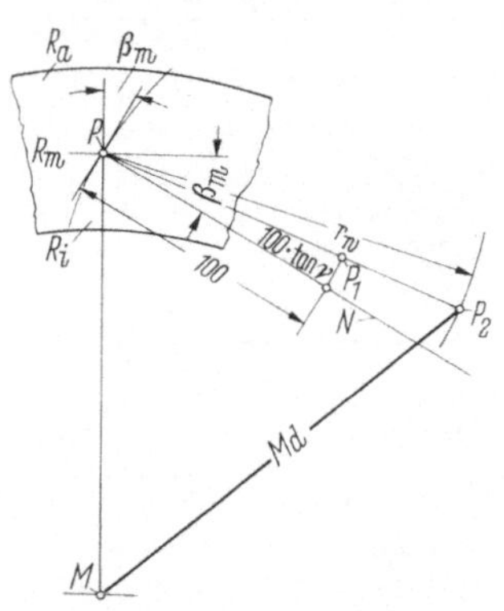

Bild 31 b. Zeichnerische Feststellung von Md.

Nach Bild 31b schlägt man um die Planradmitte M die Kreisbogen R_a, R_i und R_m und im Schnittpunkt eines Radiusvektors mit dem Bogen R_m eine Tangente an die Zahnlängslinie um den Winkel β_m zum Radiusvektor geneigt. Senkrecht dazu zeichnet man die Normale N. Auf dieser trägt man, 100 mm von P entfernt, senkrecht zu ihr das Maß $100 \cdot \tan \nu$ ein. Dieser Wert kann für $m_n = 0{,}3$ bis $1{,}5$ der Tafel 2 und von m_n 3 bis 30 der Tafel 1 entnommen werden. m_n findet man leicht durch einen Überschlag mit dem Rechenschieber mittels der Formel

$$m_n = \frac{\cos\beta_m \cdot (d_{o2} - b \cdot \sin\delta_{o2})}{z_2} \,.$$

d_{o2} ist der Teilkreisdurchmesser des größeren, ja auch schon überschlagenen Rades, δ_{o2} sein Teilkegelwinkel und b die Zahnbreite. Von P zieht man nun eine Gerade durch den abgemessenen Punkt P_1. Auf ihr wird der Flugkreishalbmesser r_w des Messerkopfes abgetragen. Man findet so den Punkt P_2. Die Länge der Verbindungslinie von P_2 nach M ist die gesuchte Größe Md.

Nach Abschluß des Überschlages wird Md natürlich genau nach Formel 21 berechnet.

Berechnungstafel 1. *Rechentafel zur Bestimmung von v in Abhängigkeit von m_n, z_w und r_w sowie $100 \cdot \tan v$ für $m_n = 3$ bis 30.*

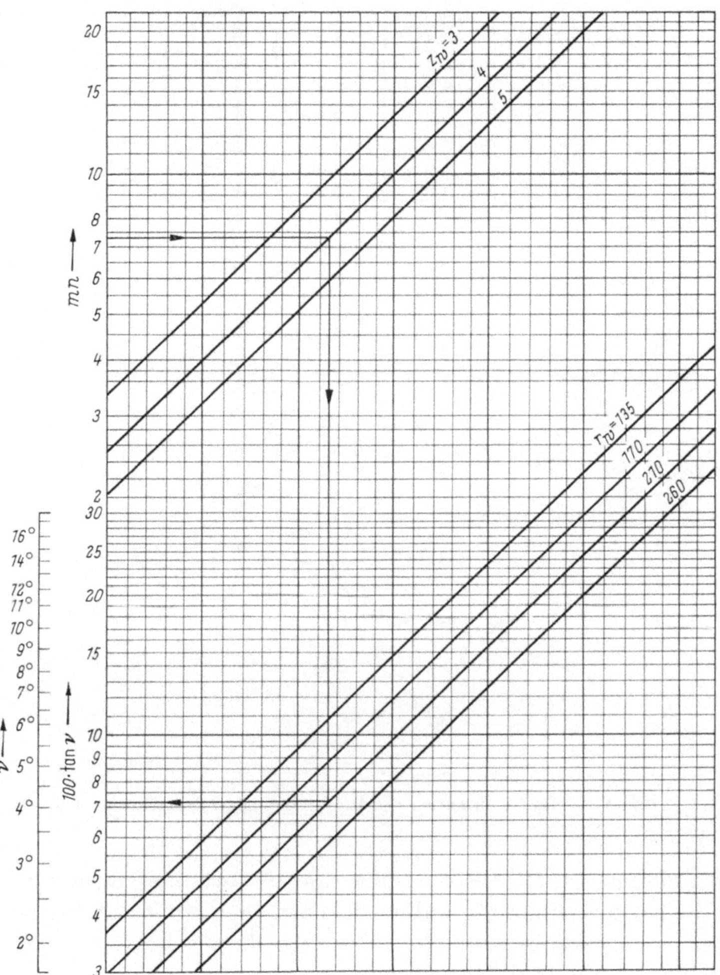

Berechnungstafel 2. *Rechenwert 100 · tan v zum Aufzeichnen der Epizykloide für* $m_n = 0{,}3$ *bis 1,5.*

m_n	$r_w = 25$			$r_w = 40$		
	$z_w = 1$	$z_w = 2$	$z_w = 3$	$z_w = 1$	$z_w = 2$	$z_w = 3$
0,3	0,6	1,2	1,8	0,38	0,75	1,13
0,4	0,8	1,6	2,4	0,5	1	1,5
0,5	1	2	3	0,63	1,25	1,88
0,6	1,2	2,4	3,6	0,75	1,5	2,25
0,7	1,4	2,8	4,2	0,88	1,75	2,63
0,8	1,6	3,2	4,8	1	2	3
0,9	1,8	3,6	5,4	1,13	2,25	3,38
1	2	4	6	1,25	2,5	3,75
1,15	2,3	4,6	6,9	1,44	2,88	4,31
1,3	2,6	5,2	7,2	1,63	3,25	4,88
1,5	3	6	9	1,88	3,75	5,63

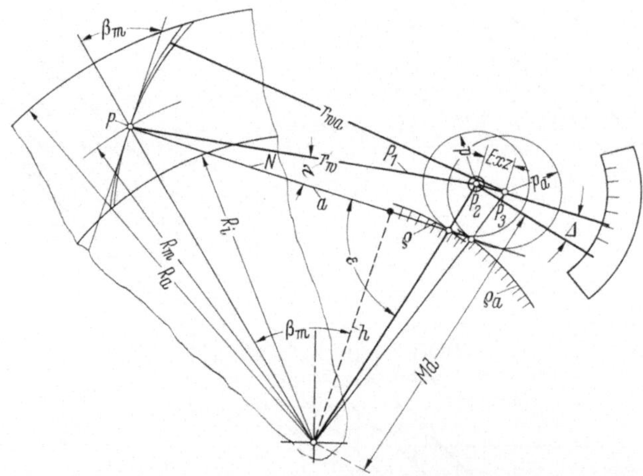

Bild 31c. Die Bestimmung des Messerkopfeinschwenkwinkels $\varDelta$.

Des weiteren ist eine Einstellung des Messerkopfes notwendig, die durch die einen Krümmungsunterschied zwischen hohlen und erhabenen Flanken erzeugende Zweiteiligkeit des Messerkopfes bedingt wird. Dazu in Verbindung mit Bild 31c folgendes:

Das vorher besprochene Md bezieht sich auf den Messerkopfteil mit den Innenschneidern. Dieser Teil bleibt unverändert. Der Teil mit den Außenschneidern (Flugkreis r_{wa}) wird aus seiner konzentrischen Stellung von der Mitte P_2 um den Wert Exz. nach P_3 verschoben. Dazu gehört ein vergrößertes Md_a. Zu diesem Md_a stellt sich ein größerer Rollkreis p_a und Grundkreis ϱ_a ein. Ihr Verhältnis zueinander muß natürlich dem ursprünglichen Verhältnis entsprechen. Es muß bleiben $\dfrac{p}{\varrho} = \dfrac{p_a}{\varrho_a}$, wie es auch Bild 31c erkennen läßt.

Die Zykloiden von r_w der Innenmesser und von r_{wa} der Außenmesser sollen auf der Zahnmitte, also im Punkt P, die gleiche Normale N haben. Die Wälzpunkte von p und p_a müssen also beide auf der Normalen N liegen. Diese Bedingung ist erfüllt, wenn die Verbindungslinie von P_2 nach P_3 parallel zu N verläuft. Das Md_a wird durch eine Verschwenkung des Messerkopfes um die Achse P_2 seiner Innenmesser eingestellt. Legt man den Nullpunkt einer Skala zur Einstellung dieser Verschwenkung auf eine von P_2 ausgehende Radiale, die senkrecht zur Verstellrichtung Md steht, so gilt für den Einstellwinkel Δ:

$$\cos \Delta = \frac{\cos \beta_m \cdot R_m}{\varrho} . \tag{22}$$

Mit den Zeichen des Bildes 31c diene dazu folgende Ableitung:

$$a = \sin \beta_m \cdot R_m, \quad h = a/\tan \beta_m, \quad \sin \varepsilon = h/\varrho, \quad \sin \varepsilon = \frac{\sin \beta_m \cdot R_m}{\tan \beta_m \cdot \varrho} ,$$

$$\sin \varepsilon = \cos \Delta, \quad \cos \Delta = \frac{\sin \beta_m \cdot R_m}{\tan \beta_m \cdot \varrho} , \quad \frac{\sin \beta_m}{\tan \beta_m} = \cos \beta_m, \quad \cos \Delta = \frac{\cos \beta_m \cdot R_m}{\varrho}$$

Dieses ist die Grundlage zur Bestimmung des Messerkopfeinstellwinkels. Sonderheiten der einzelnen Bauformen führen naturgemäß zu entsprechenden Abwandlungen dieser Grundform.

2.44 Der Arbeitsbereich des Messerkopfes in Abhängigkeit von dem Flugkreishalbmesser seiner Messer und den Verzahnungsdaten

Die in Achsrichtung gegen den Boden des Messerkopfes vorstehenden Messer, die kranzförmig um die Messerkopfachse angeordnet sind, bilden im Inneren dieses Kranzes einen glockenförmigen Hohlraum. Die Wölbung des zu verzahnenden Rades ragt zu Beginn der Wälzung in der Höhe der zu schneidenden Zähne in diesen Hohlraum hinein. Die glockenförmige Höhlung des Messerkopfes und die Wölbung des Rades müssen so zueinander abgestimmt sein, daß die den arbeitenden Messern gegenüberliegenden Messer das Rad nicht berühren und so beschädigen.

Die dabei interessierenden geometrischen Zusammenhänge sind aus Bild 32 zu erkennen. Die äußere und innere Kegelkante des zu verzah-

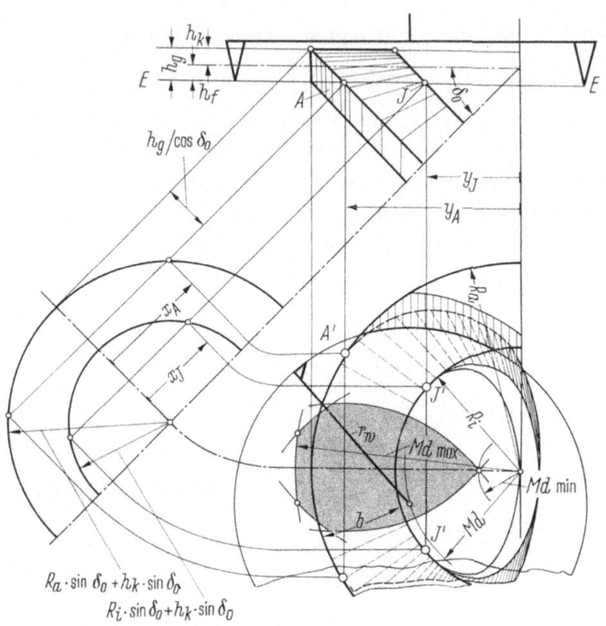

Bild 32. Die Durchdringung des Radkörpers durch die Bahn des Messerkopfes zur Bestimmung der Beweglichkeit von Md.

nenden Rades durchdringt in den Punkten A und J eine über die Kopfkanten des Messerkopfes gelegte Ebene $E - E$. In der darunter gezeichneten Projektion bilden die Kegelkanten Ellipsen, auf denen auch die von A und J projizierten Punkte A' und J' liegen. Da aber praktisch nur Räder mit größerem Kegelwinkel δ_0 auf die Möglichkeit der Bearbeitbarkeit geprüft werden müssen, kann man die Ellipse genügend genau als Kreisbogen mit den Radien des Planrades R_a und R_i ansehen. A' und J' liegen dann auf dem Außen- und Innenrand des Planrades.

Die Koordinaten zu den in die Planradebene projizierten Punkten A und J sind mit einigen Vereinfachungen

$$x_A = \sqrt{2\,R_a \cdot h_g \tan \delta_o - (h_g/\cos \delta_o)^2 + h_g{}^2} \qquad (23)$$

$$x_J = \sqrt{2\,R_i \cdot h_g \tan \delta_o - (h_g/\cos \delta_o)^2 + h_g{}^2} \qquad (24)$$

$$y_A = R_a - h_g \tan \delta_o \qquad (25)$$

$$y_J = y_A - b\,. \qquad (26)$$

Schlägt man nun von den projizierten Punkten A' und J' Kreisbögen mit den angenommenen Flugkreisradien des Messerkopfes (r_w), so grenzen diese Bögen eine in Bild 32 getönte Fläche ein. Innerhalb dieser Fläche kann die Mitte des Messerkopfes aus der Planradmitte verschoben werden, ohne ein Anschneiden des Rades durch die den arbeitenden Messern gegenüberliegenden Messer befürchten zu müssen.

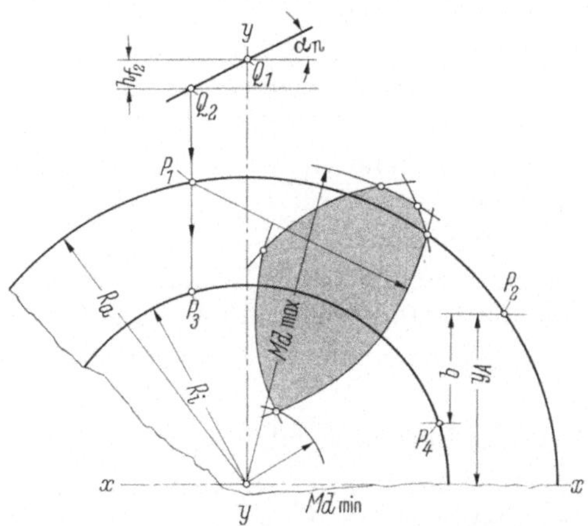

Bild 33. Ergänzung zu Bild 32, wenn der Wälzvorgang durch Tauchen abgekürzt wird.

Die getönte Fläche kennzeichnet also die möglichen Verschiebungen von Md. Der innere Schnittpunkt der Bogen kennzeichnet Md min. Der äußere Schnittpunkt ist nicht mehr eingezeichnet, weil er außerhalb der durch die Maschinenkonstruktion gegebenen Grenze von Md max. liegt. Die Grenzen für Md werden weiter, wenn vor dem Wälzen in Richtung der Zahnhöhe der Messerkopf auf das Rad vorgeschoben, getaucht wird. Der Wälzweg wird damit abgekürzt. Man taucht im Regelsfall in der Stellung, in der die Außenmesser auf volle Tiefe vorgeschoben, den ersten Hüllschnitt nehmen.

Diese Kürzung des Wälzweges ermöglicht in Bild 33 ein Heranrücken der in Bild 32 mit A' und J' bezeichneten linken Punkte auf die y-Achse zu. Ihr Abstand wird nicht mehr von der Durchdringung der Werkrad-Kegelkanten mit dem Planrad bestimmt, sondern von dem Abstand der eintauchenden Messer von der y-Achse. Nach Bild 33 oben findet man diesen Abstand mit ausreichender Genauigkeit, wenn man oberhalb des Planrades im Abstand der Zahnfußhöhe h_{f2} rechtwinkelig zur y-Achse zwei Parallelen zeichnet. Durch den Schnittpunkt Q_1 der oberen Geraden mit der y-Achse zieht man im Neigungswinkel des Normaleingriffs-winkels α_n eine Gerade auf die untere Gerade zu. Eine vom Schnittpunkt Q_2 aus parallel zur y-Achse gezogene Gerade bestimmt die Punkte P_1 und P_3, als Ersatz für die früher beschriebenen linken Durchdringungs-punkte A' und J'.

Die Punkte P_2 und P_4 sind nach wie vor von der Durchdringung ab-hängig. Sie liegen auf den Kreisbogen von R_a und R_i. Ihr Abstand von der x-Achse wird mit den Formeln 25 und 26 bestimmt.

Um die Punkte P_1 bis P_4 werden mit den Flugkreisradien der Messer Kreisbogen geschlagen und so die Fläche gefunden, die für die Verstell-möglichkeit von Md maßgebend ist, wie es in Verbindung mit Bild 32 schon beschrieben wurde.

Dieses einfache zeichnerische Verfahren nimmt keine Rücksicht auf eine etwaige Profilverschiebung. Im Regelsfall kann man die sich damit ergebende Verschiebung der Punkte P_1 und P_3 vernachlässigen. Wenn not-wendig, muß der obere Teil des Bildes 33 entsprechend erweitert werden.

2.45 Teilung, Normalmodul, Messer-Normalmodul

Die Stirnteilung t_s einer Kegelradverzahnung nimmt vom Außen-durchmesser bis zur Planradmitte ab, und zwar proportional den Radien, auf die man sie bezieht. In der Planradmitte ist sie $= 0$. Mit den Zeichen der Bilder 34 und 35 ist $t_{sm} = t_{sa} \cdot \dfrac{R_m}{R_a}$. Diese Regel gilt für alle Formen von Flankenlinien, sowohl für Zykloiden, Bild 34, wie Evolventen, Bild 35. Anders verhält sich die Normalteilung. Bei evolventenförmigen Zahn-längslinien ist die senkrecht zum Zahnverlauf gemessene Zahnteilung von außen bis innen gleich. Evolventen sind äquidistante Kurven.

Bei zykloidenförmigen Längslinien ist das nicht der Fall. Bei ihnen verändert sich t_n von außen nach innen. Beim Spiralwinkel 0 ist $t_n = t_s$. Man kann zwar Bereiche der Zykloide für die Flankenlinien benutzen, die einer Evolvente ähnlich sind. Grundsätzlich besteht dieser Unter-

schied aber auch in diesem Fall. Bei den evolventenförmigen Flankenlinien versteht man unter Normalteilung den senkrechten Abstand
zwischen zwei Rechts- oder zwei Linksflanken. Bei zykloidenförmigen
Flankenlinien kann man auch in einem Punkt der Flanke mit dem Spiral-

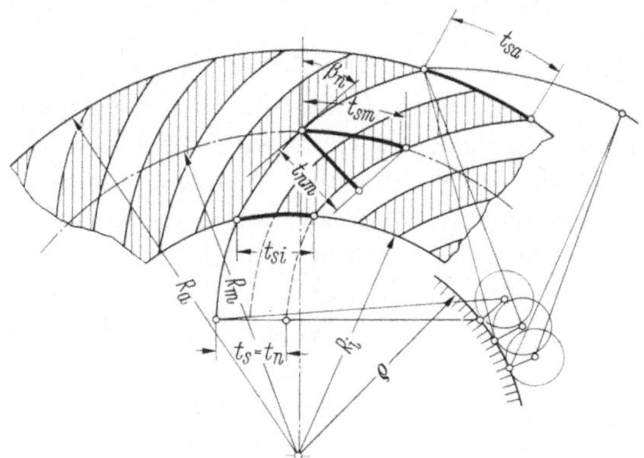

Bild 34. Zahnflanken nach
Epizykloiden.

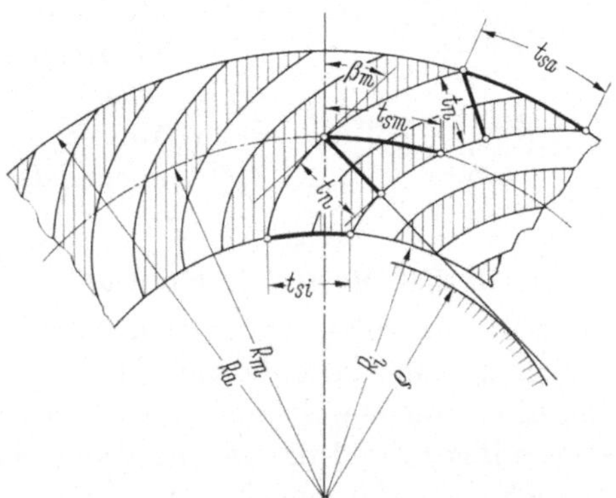

Bild 35. Zahnflanken nach
Evolventen.

winkel β eine Senkrechte zur Flankenlinie errichten, diese Senkrechte
schneidet aber die nächste Links- oder Rechtsflanke nicht genau recht-
winklig. Exakt kann man also in diesem Fall nicht von einer Normalteilung sprechen. Der Wert

$$t_n = t_s \cdot \cos \beta, \quad m_s = \frac{m_n}{\cos \beta} \tag{27}$$

ist also in diesem Fall nur als eine Hilfsgröße für die Rechnung und die Werkzeughaltung anzusehen.

Wie bei Stirnrädern, wird auch bei Klingelnberg-Spiralkegelrädern, die Zahnhöhe vom Normalmodul bestimmt. Die gemeinsame Zahnhöhe h_g ist $2 \cdot m_n$. Wenn keine Profilverschiebung angewandt wird, gilt auch hier:
$$h_{k1} = h_{k2} = m_n \, .$$

Bei Zyklo-Palloid-Rädern für die Feinmechanik, das ist von Modul 0,3 bis 1,5, werden die Räder nur in den Normalmodulen ausgeführt, für die auch Werkzeuge vorhanden sind. Bei größeren Rädern und Modulen schneidet man mit einem Werkzeugmodul in beliebig feiner Abstufung alle Zwischenwerte in dem angegebenen Bereich, z. B. mit einem Messer, gekennzeichnet durch den Nennmodul 8 ($m_n N$) von Modul 7 bis 9, so 7,1, 7,2 usw. Zur Erklärung dient Bild 36. Die Kopfstärke k des Messers W ist so klein gehalten, daß sie die Zahnlücke an der engsten Stelle auch noch bei dem kleinsten vorgesehenen Modul durchläuft, ohne die Gegenflanke zu beschädigen. Die Höhe des Messers ist dagegen nach dem größten zum Bereich gehörenden Modul bemessen. Wie Bild 36 erkennen läßt, wird der gewünschte Modul durch eine bestimmte Frästiefeneinstellung erzeugt. Eine Begrenzung nach oben ergibt sich außerdem dadurch, daß alle Messer einer Messergruppe noch den Zahnlückengrund voll ausschneiden.

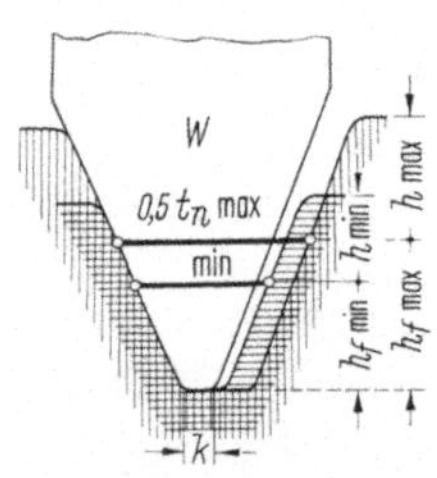

Bild 36. Einheitsmesser W für einen größeren Modulbereich.

2.46 Messerköpfe mit unterschiedlichen Gangzahlen

Die Zähnezahlen der zu schneidenden Räder sollen durch die Gangzahlen der Messerköpfe nicht teilbar sein. Außerdem sollen Rad und Gegenrad mit Messerköpfen geschnitten werden, die den gleichen Flugkreisradius r_w und die gleiche Gangzahl z_w haben. Diese Regel kann in Ausnahmen nicht eingehalten werden. Dann ist es möglich, ein Radpaar auch mit verschiedengängigen Messerköpfen zu verzahnen, z. B. das eine Rad mit einem viergängigen, das Gegenrad mit einem fünfgängigen Messerkopf. Grundlage der Berechnung ist der Messerkopf mit der kleineren Gangzahl, die dafür normal ausgeführt wird.

Die Anpassung der anderen Messerkopfeinstellung derart, daß die Flankenlinien von Rad und Gegenrad zueinander passen, erfordert einen beträchtlichen, den Rahmen dieser Arbeit überschreitenden Rechenaufwand. Das Herstellerwerk steht dazu mit einer elektronischen Berechnung zur Verfügung. Zur Veranschaulichung des grundsätzlichen Weges dient Bild 37. Die Abweichungen im Verlauf der Kurven wurden in dem Bild übertrieben, um sie deutlich zu machen.

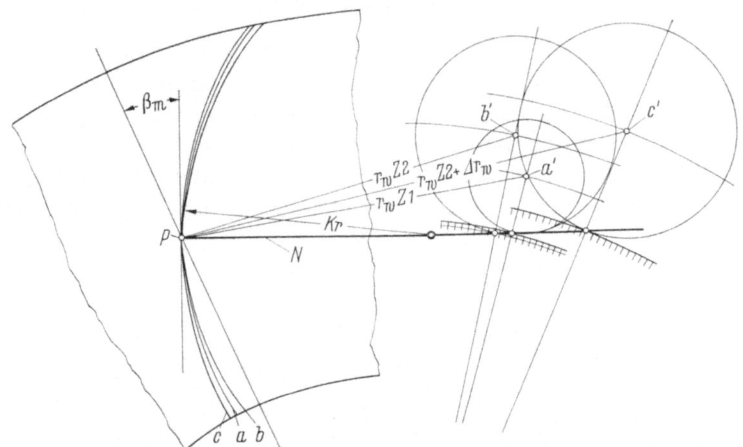

Bild 37. Mit Messerköpfen unterschiedlicher Gangzahl erzeugte Flankenlinien werden im Bereich der Zahnbreite zur Übereinstimmung gebracht.

a ist die Flankenlinie, die mit dem Messerkopf der kleineren Gangzahl von der Messerkopfmitte a' aus wie üblich erzeugt wurde. Das Gegenrad soll mit einem Messerkopf geschnitten werden, dessen Flugkreisradius r_{wz2} dem des ersten entspricht, der aber mehr Gänge hat als der erste. Verzahnt wird von der Messerkopfmitte b' aus. Der Messerkopf ist so eingestellt, daß die Normale der ersten Einstellung mit der zweiten übereinstimmt (N). Es entsteht die Kurve b. Sie ist zu stark gekrümmt. Nun wird für den zweiten Messerkopf der Flugkreisradius um Δr_w vergrößert, so daß die Einstellung c' entsteht. Mit dieser bildet sich die Flankenlinie c. Es zeigt sich, daß diese gegenüber der angestrebten Kurve a zu schwach gekrümmt ist. Der brauchbare Flugkreisradius des zweiten Messerkopfes muß also zwischen dem Wert der Einstellung b' und c' liegen. Es wird erkennbar, daß es zum Erreichen der angestrebten Übereinstimmung nicht ausreicht, für beide Einstellungen die Normalen N zur Deckung zu bringen. Auch der Krümmungsradius K_r der beiden Kurven im Punkt P muß übereinstimmen, was rechnerisch ohne weiteres möglich ist.

3 Krumme, Spiralkegelräder 3. Aufl.

Es ist auch zu beachten, daß bei einer Gangzahlpaarung der Zahn-
ballen in Längsrichtung der Flanken nicht beliebig verkleinert werden
kann, weil dieser verbleibende Abweichungen ausgleichen muß.

2.5 Berechnung der Abmessungen von Palloid-Rädern mit sich schnei-
denden Achsen

2.51 Für Achsenwinkel $\delta_A = 90°$

2.511 Planraddaten. Aus der Konstruktion ist in der Regel der Teilkreisdurchmesser des größeren Rades, außerdem auch das Übersetzungsverhältnis i gegeben. Die Zähnezahlen beider Räder werden zunächst
diesen entsprechend angenommen, und zwar möglichst ohne gemeinsamen Faktor. z_1 möglichst nicht kleiner als 8. Für den Teilkegelwinkel
des größeren Rades gilt nach Bild 38

$$\tan \delta_{o2} = \frac{z_2}{z_1} = i \ . \tag{28}$$

Aus diesem bestimmt man durch Hinzufügen eines Korrekturwertes,
der sog. Winkelkorrektur, den Erzeugungskegelwinkel δ_{p2}

$$\delta_{p2} = \delta_{o2} + \omega_k \ . \tag{29}$$

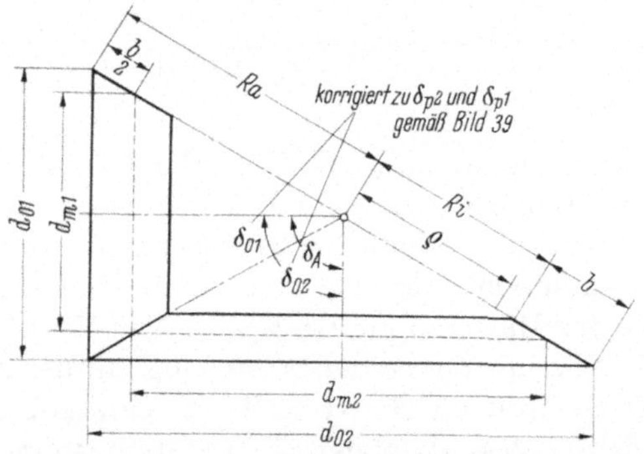

Bild 38. Rechengrößen für die Kegelradberechnung bei $\delta_A = 90°$.

Die Winkelkorrektur wird durchgeführt, um am kleinen Durchmesser
R_i eine zusätzliche positive Profilverschiebung für das Ritzel zu schaffen.

Der so gefundene Winkelwert wird auf ganze und halbe Grade aufgerundet. Winkelkorrekturwerte können in Abhängigkeit von i der Tafel 3
entnommen werden. Die Tafel gilt bis $z_1 = 40$ und $z_2 = 80$. Bei Rad-
paaren mit größeren Zähnezahlen besteht die Winkelkorrektur nur in
der Aufrundung von δ_{o2}.

Den Erzeugungswinkel des Ritzels findet man aus δ_{p2}

$$\delta_{p1} = 90^\circ - \delta_{p2} \,. \tag{30}$$

Sein Teilkegelwinkel ist

$$\delta_{o1} = \delta_{p1} + \omega_k \,. \tag{31}$$

Die nachfolgenden Planradgrößen werden zunächst überschläglich mit dem Rechenschieber bestimmt, soweit sie nicht, wie der Wert u der Tafel 4 entnommen werden kann.

Die äußere Teilkegellänge R_a wird bestimmt durch die Formel

$$R_a = \frac{d_{o2}}{2 \cdot \sin \delta_{p2}} = d_{o2} \cdot u \,, \tag{32}$$

wenn

$$u = \frac{1}{2 \cdot \sin \delta_{p2}} \,. \tag{33}$$

Berechnungstafel 3. *Winkelkorrektur ω_k in Abhängigkeit vom Übersetzungsverhältnis i.*

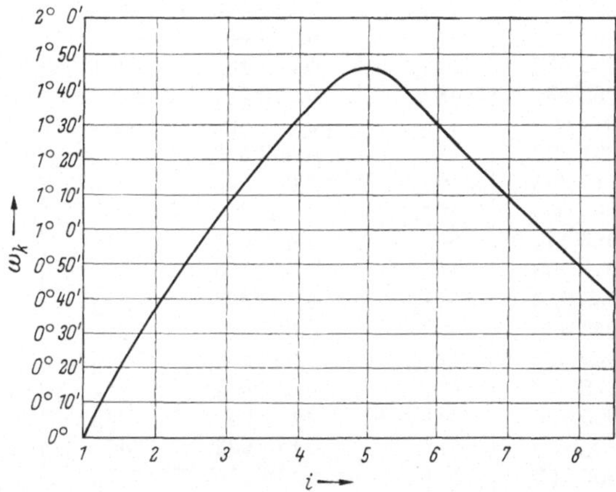

Die Planradzähnezahl z_p ergibt sich aus

$$z_p = \frac{z_2}{\sin \delta_{p2}} = 2 \cdot z_2 \cdot u \,. \tag{34}$$

Die Zahnbreite b ist in der Regel konstruktiv gegeben. Ihre Brauchbarkeit wird geprüft nach Tafel 5. Nach Tafel 5 wählt man auch den Eingriffswinkel und den Normalmodul. Die endgültige Festlegung erfolgt dann nach den genormten Fräserabmessungen, Tafel 6.

3*

Berechnungstafel 4. *Faktor „u" für Kegelwinkel* δ_{p2}

$$\left(u = \frac{1}{2 \cdot \sin \delta_{p2}}\right).$$

δ_{p2}	u	δ_{p2}	u	δ_{p2}	u
20°	1,461 903	40°	0,777 859	60°	0,577 347
20½°	1,427 715	40½°	0,769 882	60½°	0,574 475
21°	1,395 206	41°	0,762 125	61°	0,571 677
21½°	1,364 256	41½°	0,754 580	61½°	0,568 945
22°	1,334 712	42°	0,747 239	62°	0,566 283
22½°	1,306 575	42½°	0,740 094	62½°	0,563 692
23°	1,279 656	43°	0,733 138	63°	0,561 161
23½°	1,253 918	43½°	0,726 375	63½°	0,558 703
24°	1,229 287	44°	0,719 777	64°	0,556 303
24½°	1,205 720	44½°	0,713 358	64½°	0,553 961
25°	1,183 096	45°	0,707 104	65°	0,551 688
25½°	1,161 413	45½°	0,701 016	65½°	0,549 475
26°	1,140 589	46°	0,695 082	66°	0,547 315
26½°	1,120 574	46½°	0,689 303	66½°	0,545 221
27°	1,101 346	47°	0,683 667	67°	0,543 183
27½°	1,082 837	47½°	0,678 168	67½°	0,541 196
28°	1,065 031	48°	0,672 821	68°	0,539 270
28½°	1,047 867	48½°	0,667 592	68½°	0,537 392
29°	1,031 332	49°	0,662 506	69°	0,535 573
29½°	1,015 393	49½°	0,657 540	69½°	0,533 806
30°	1,000 000	50°	0,652 707	70°	0,532 090
30½°	0,985 144	50½°	0,647 987	70½°	0,530 425
31°	0,970 798	51°	0,643 376	71°	0,528 810
31½°	0,956 938	51½°	0,638 888	71½°	0,527 248
32°	0,943 539	52°	0,634 510	72°	0,525 729
32½°	0,930 579	52½°	0,630 239	72½°	0,524 263
33°	0,918 038	53°	0,626 064	73°	0,522 848
33½°	0,905 896	53½°	0,621 999	73½°	0,521 474
34°	0,894 150	54°	0,618 032	74°	0,520 151
34½°	0,882 753	54½°	0,614 160	74½°	0,518 871
35°	0,871 718	55°	0,610 389	75°	0,517 636
35½°	0,861 030	55½°	0,606 700	75½°	0,516 449
36°	0,850 644	56°	0,603 107	76°	0,515 305
36½°	0,840 590	56½°	0,599 599	76½°	0,514 208
37°	0,830 813	57°	0,596 182	77°	0,513 152
37½°	0,821 342	57½°	0,592 846	77½°	0,512 138
38°	0,812 137	58°	0,589 588	78°	0,511 169
38½°	0,803 200	58½°	0,586 414	78½°	0,510 246
39°	0,794 508	59°	0,583 315	79°	0,509 357
39½°	0,786 065	59½°	0,580 295	79½°	0,508 518

Der Normalteilkreishalbmesser ϱ errechnet sich aus

$$\varrho = \frac{m_n \cdot z_2}{2 \cdot \sin \delta_{p2}} = m_n \cdot z_2 \cdot u \tag{35}$$

oder

$$\varrho = \frac{m_n \cdot z_p}{2} \; . \tag{36}$$

Die innere Teilkegellänge R_i wird bestimmt nach der Formel

$$R_i = R_a - b \; . \tag{37}$$

Berechnungstafel 5. *Empfohlene Werte für Zahnbreite b, Normaleingriffswinkel α_n und Normalmodul m_n.*

Art des Getriebes bzw. der Räder	Eingriffs-winkel α_n	Zahnbreite b
Leichte und mittelbeanspruchte Getriebe für Maschinen und Fahrzeuge	$(17\frac{1}{2})$ u. $20°$	$\dfrac{Ra}{3{,}5\cdots4\,(5)}$
Hochbeanspruchte Getriebe für Maschinen und Fahrzeuge $i > 2{,}5$	$20°$	$\dfrac{Ra}{3{,}5\cdots4\,(5)}$
Mittelschwer beanspruchte Getriebe	$20°$	$\dfrac{R_a}{3} \cdots \dfrac{R_a}{3{,}5}$
Hochbeanspruchte Getriebe für Maschinen, Straßen- und Schienenfahrzeuge mit $i < 2{,}5$	$20° \; (22\frac{1}{2}°)$	$\dfrac{R_a}{3} \cdots \dfrac{R_a}{3{,}3}$
Gehärtete, hochbeanspruchte Räder	Normalmodul m_n $m_n = (b/7)\; b/8$ bis $b/10$	
Vergütete und weiche Räder	$m_n = b/8$ bis $b/10$	

Die Werte dieser Tafel sollen nur in dringenden Ausnahmefällen über- oder unterschritten und die eingeklammerten Eingriffswinkel möglichst vermieden werden.

2.512 Überprüfung der Fräserlage im Planrad. Wie in Abschnitt 2.33 (Seite 14) ausgeführt, muß der Fräser beim Verzahnen mit seiner Teilmantellinie einen Kreis tangieren, der um den Normalmodul kleiner als ϱ ist. Die Kegelspitze muß dabei im Tangierungspunkt liegen. Außerdem muß die Schnittlänge des Fräsers die Zahnbreite des Planrades überbrücken. Nach den in Abschnitt 2.33 gegebenen Richtlinien wird geprüft, ob der nach Tafel 6 vorgesehene Fräser den gegebenen Bedingungen entspricht.

Sind die Bedingungen nicht erfüllt, so verändert man die Zähnezahlen und den Normalmodul entsprechend. Unter Umständen wird der Einsatz einer anderen Fräsergröße erwogen.

Ist eine geeignete Auslegung ermittelt, so können die bisher überschläglich festgelegten Werte R_a, R_i und ϱ auf 0,01 mm, der Wert von z_p auf 0,0001 genau ausgerechnet werden.

Der Stirnmodul m_s wird nach der Formel

$$m_s = \frac{d_{o2}}{z_2} \qquad (38)$$

und der Teilkreisdurchmesser des Ritzels d_{o1} aus

$$d_{o1} = z_1 \cdot m_s \qquad (39)$$

bestimmt.

Berechnungstafel 6. *Fräsermaße nach Werknorm KN 3025*

m_n	S_f klein (4 Fräsergänge)				S_f mittel (5 Fräsergänge)				S_f groß (6 Fräsergänge)			
	d_k	S_f	d_o	Nuten	d_k	S_f	d_o	Nuten	d_k	S_f	d_o	Nuten
1	14	13	11,75	8	18	16	15,75	8	18	19	15,75	8
1,25[1]	17	16	14,19	8	21	20	18,19	8	21	24	18,19	8
1,5	20	19	16,62	8	24	24	20,62	8	24	29	20,62	8
1,75[1]	23	22	19,06	8	27	28	23,06	8	27	33	23,06	8
2	26	26	21,5	8	30	32	25,5	10	30	38	25,5	10
2,25[1]	29	29	23,94	8	32	36	26,94	10	32	43	26,94	10
2,5	32	32	26,37	8	35	40	29,37	10	35	48	29,37	10
2,75[1]	34	35	27,81	8	37	44	30,81	10	37	52	30,81	10
3	36	38	29,25	10	39	48	32,25	10	39	57	32,52	10
3,25[1]	38	41	30,69	10	42	52	34,69	10	42	62	34,69	10
3,5	40	44	32,12	10	44	55	36,12	10	44	66	36,12	10
4	44	51	35	10	49	63	40	10	49	76	40	10
4,25[1]	46	54	36,44	10	51	67	41,44	10	51	81	41,44	10
4,5[1]	48	57	37,87	10	53	71	42,87	10	53	85	42,87	10
5	52	63	40,75	10	58	79	46,75	10	58	95	46,75	10
5,5[1]	56	70	43,62	10	63	87	50,62	10	63	104	50,62	10
6	60	76	46,5	10	67	95	53,5	10	67	114	53,5	10
6,5[1]	64	82	49,37	10	72	103	57,37	10	72	123	57,37	10
7	68	88	52,25	10	77	110	61,25	10	77	132	61,25	10
7,5[1]					81	118	64,12	10				
8					86	126	68	10				

[1] Möglichst vermeiden.

2.513 Profilverschiebung, Zahnkopfhöhe, Zahnform. Für eine etwaige Profilverschiebung gelten die von Stirnrädern her allgemein bekannten Regeln. Wie dort unterscheidet man auch hier Nullgetriebe, V-Null-Getriebe und V-Getriebe. V-Getriebe kommen nur gelegentlich vor, und zwar als V_{plus}-Getriebe. Sie sollen hier nicht berücksichtigt werden.

Getriebe mit z_1 größer als 16 werden in der Regel als Nullgetriebe, also ohne Profilverschiebung, ausgeführt. Für die Zahnkopfhöhen dieser Getriebe gelten die Formeln

$$h_{k1} = h_{k2} = m_n \; . \tag{40}$$

Bei V-Null-Getrieben haben Ritzel und Tellerrad gleich große, aber entgegengesetzte Profilverschiebungen. Die Profilverschiebung des Ritzels ist positiv, sein Zahnkopf wird erhöht.

Diese Getriebeform wird bei größeren Übersetzungen bevorzugt, weil dabei die Zähne des Ritzels im Sinne des Ausgleiches der Beanspruchungen zu Lasten der starken, zahnstangenähnlichen Zähne des Tellerrades etwas verstärkt werden. Die Profilverschiebung wird auch vorgenommen, wenn auf ein ausgeglichenes Gleiten der Zähne für Rad und Ritzel Wert gelegt wird. Für die Zahnkopfhöhen gelten die Formeln

$$h_{k1} = (1 + x_1) \cdot m_n \tag{41}$$

$$h_{k2} = 2 \cdot m_n - h_{k1} \; . \tag{42}$$

Für den Eingriffswinkel $\alpha_n = 20°$ kann der Wert $(1 + x_1)$ Tafel 7 entnommen werden.

Kegelradfräser werden in den Zahnformen I bis IV (abgekürzt Z_f I usw.) ausgeführt. Die Zahnform bestimmt die Dicke der Zähne. Bei Null-Getrieben ergeben die einzelnen Zahnformen auf dem Teilkreis

Z_f I gleiche Zahndicke bei Ritzel und Tellerrad.

Z_f II Ritzelzahn um $0{,}05 \cdot m_n$ dicker als bei Z_f I.

Z_f III Ritzelzahn um $0{,}10 \cdot m_n$ dicker als bei Z_f I.

Z_f IV Ritzelzahn um $0{,}15 \cdot m_n$ dicker als bei Z_f I.

Z_f I und Z_f III werden bevorzugt verwendet, und zwar Z_f I in Verbindung mit $\alpha_n = 20° \, (22^1/_2°)$ im allgemeinen Maschinenbau, Getriebebau, Automobilbau für Lastwagen, deren Kegelradübersetzung i kleiner als 2,5 bis 3 ist.

Zahnform III: 1. Automobilbau bei Personenwagen; 2. bei Lastwagen, soweit die Kegelradübersetzung i größer als 2,5 bis 3 ist.

40 2. Geometrische Berechnung

Berechnungstafel 7. *Werte* $(1 + x_1)$ *bei Eingriffswinkel* $\alpha_n = 20°$; *Zahnform I, zur Bestimmung der Zahnkopfhöhe des Ritzels.*

Werte der Reihe a zur Vermeidung von Unterschnitt
Werte der Reihe b zum besser ausgeglichenen Zahngleiten.
Ritzelzähnezahlen 6 und 7 möglichst vermeiden, wenn notwendig, Sonderfräser mit verstärktem Ritzelzahn. In der Reihe b für Ritzelzähne 6—9 nachprüfen, ob die Zahnkopfstärke S_{ki} innen nicht kleiner als 0,25 m_n wird. Sonst Kopfkürzung vornehmen.

Die Werte der Reihe b gelten für einen mittleren Spiralwinkel $\beta_m = 35°$ und eine Zahnbreite von $9 \cdot m_n$. Abweichende Spiralwinkel erfordern Abweichungen von den Tafelwerten. Beträgt die Winkelabweichung nicht mehr als $\pm 3°$, so geht die Abweichung der Tafelwerte nicht über 0,04 hinaus.

Z_1 Z_2	20	25	30	35	40	45	50	55	60	65	70	75	80	85	90
6 a		1,28	1,26	1,27	1,28	1,29	1,31	1,32	1,33	1,34	1,36	1,37	1,39		
b		1,43	1,45	1,47	1,49	1,51									
7 a		1,28	1,26	1,27	1,28	1,29	1,31	1,32	1,33	1,34	1,36	1,37	1,39		
b		1,38	1,39	1,40	1,41	1,42									
8 a		1,26	1,25	1,26	1,28	1,29	1,30	1,32	1,33	1,34	1,36	1,37	1,38		
b		1,36	1,36	1,36	1,35	1,35									
9 a		1,22	1,22	1,23	1,24	1,25	1,26	1,29	1,30	1,31	1,32	1,33	1,35		
b		1,35	1,35	1,34	1,33	1,33	1,32								
10 a	1,17	1,16	1,17	1,18	1,20	1,21	1,23	1,24	1,26	1,27	1,29	1,30	1,32		
b		1,32	1,31	1,31	1,31	1,30	1,29								
11 a	1,02	1,06	1,09	1,11	1,13	1,15	1,16	1,18	1,20	1,22	1,24	1,25	1,27		
b		1,31	1,30	1,29	1,28	1,27	1,26	1,25							
12 a	1,00	1,00	1,00	1,00	1,00	1,05	1,05	1,09	1,11	1,17	1,18	1,18	1,20		
b		1,26	1,27	1,28	1,28	1,27	1,25	1,23							
13 a	1,00	1,00	1,00	1,00	1,00	1,00	1,00	1,00	1,03	1,05	1,08	1,10	1,12		
b		1,24	1,25	1,26	1,26	1,26	1,25	1,24	1,23						
14 b	1,18	1,23	1,23	1,24	1,25	1,24	1,23	1,22	1,21	1,19					
15 b	1,10	1,16	1,20	1,22	1,23	1,24	1,23	1,22	1,21	1,20	1,19				
16 b	1,09	1,15	1,18	1,21	1,22	1,22	1,22	1,21	1,21	1,19	1,18	1,17			
17 b	1,08	1,13	1,16	1,19	1,20	1,21	1,21	1,21	1,20	1,19	1,18	1,16	1,15		
18 b	1,06	1,10	1,13	1,16	1,18	1,19	1,19	1,19	1,18	1,17	1,16	1,15	1,14	1,13	
19 b	1,03	1,09	1,13	1,16	1,17	1,18	1,18	1,17	1,17	1,16	1,15	1,14	1,14	1,11	1,09
20 b	1,00	1,08	1,12	1,15	1,16	1,17	1,18	1,18	1,17	1,17	1,15	1,14	1,13	1,11	1,09
21 b		1,08	1,11	1,13	1,15	1,16	1,16	1,16	1,16	1,16	1,15	1,14	1,13	1,11	1,09
22 b		1,06	1,09	1,11	1,13	1,14	1,14	1,15	1,15	1,15	1,14	1,13	1,12	1,11	1,09
23 b		1,03	1,08	1,10	1,13	1,13	1,14	1,14	1,14	1,13	1,13	1,12	1,11	1,10	1,09
24 b		1,02	1,06	1,09	1,10	1,11	1,12	1,13	1,13	1,13	1,13	1,12	1,11	1,10	1,09
25 b		1,00	1,03	1,07	1,09	1,11	1,12	1,13	1,13	1,13	1,12	1,12	1,11	1,10	1,09
27 b			1,00	1,04	1,07	1,09	1,10	1,11	1,11	1,11	1,11	1,11	1,10	1,10	1,09
30 b			1,00	1,02	1,04	1,06	1,07	1,08	1,08	1,09	1,09	1,09	1,09	1,09	1,09
35 b				1,00	1,02	1,04	1,06	1,07	1,08	1,08	1,08	1,08	1,08	1,07	1,06

2.514 Berechnung der Drehmaße nach Bild 39

Es ist:

$$a_1 = b \cdot \cos \delta_{p1} \qquad (43)$$

$$k_1 = h_{k1} \cdot \cos \delta_{p1} \qquad (44)$$

$$a_2 = b \cdot \sin \delta_{p1} \qquad (45)$$

$$k_2 = h_{k2} \cdot \sin \delta_{p1} \qquad (46)$$

$$c_1 = h_{k1} \cdot \sin \delta_{p1} \qquad (47)$$

$$c_2 = h_{k2} \cdot \cos \delta_{p1} \qquad (48)$$

$$d_{ka1} = d_{o1} + 2k_1 \qquad (49)$$

$$d_{ka2} = d_{o2} + 2k_2 \qquad (50)$$

$$d_{ki1} = d_{ka1} - 2a_2 \qquad (51)$$

$$d_{ki2} = d_{ka2} - 2a_1 \qquad (52)$$

$$w_1 = \frac{d_{o2}}{2} - (c_1 + a_1) \qquad (53)$$

$$w_2 = \frac{d_{o1}}{2} - (c_2 + a_2) \qquad (54)$$

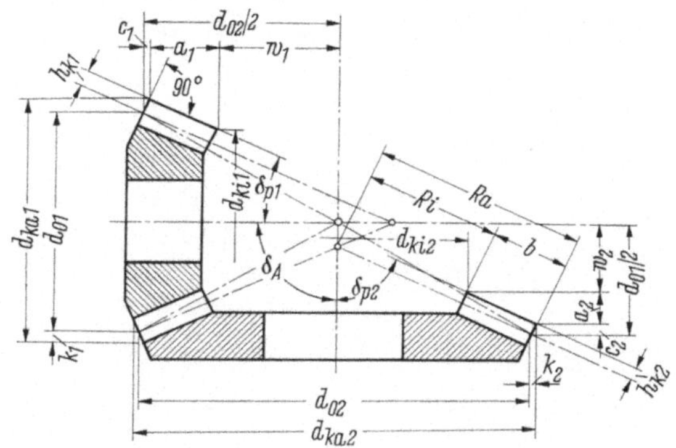

Bild 39. Abmessungen der Kegelräder bei $\delta_A = 90°$.

2.52 Berechnung der Abmessungen
bei einem Achsenwinkel δ_A größer oder kleiner als 90°

Die Räder mit $\delta_A \gtrless 90°$ werden im wesentlichen nach den im Vorstehenden erläuterten Regeln berechnet, so daß bei dem folgenden Rechnungsgang nur dort Erläuterungen eingeschaltet sind, wo gewisse Abweichungen bestehen.

2.521 Hauptabmessungen. Wie bei den vorstehend behandelten Rädern geht man auch bei Rädern mit einem Achsenwinkel größer oder kleiner als 90° von dem gegebenen Teilkreisdurchmesser des größeren Rades und dem Übersetzungsverhältnis i aus, Bild 40. Auch hier werden die Zähnezahlen beider Räder dem Übersetzungsverhältnis entsprechend zunächst angenommen. Dann werden die sich aus dem Übersetzungsverhältnis ergebenden Kegelwinkel δ_{o1} und δ_{o2} errechnet nach den Formeln:

Bei δ_A größer als $90°$

$$\cot \delta_{o1} = \frac{i}{\sin(180° - \delta)} - \cot(180° - \delta) \tag{55}$$

$$\delta_{o2} = \delta_A - \delta_{o1} . \tag{56}$$

Bei δ_A kleiner als $90°$

$$\cot \delta_{o1} = \frac{i}{\sin \delta} + \cot \delta \tag{57}$$

$$\delta_{o2} = \delta_A - \delta_{o1} . \tag{58}$$

Durch Aufrundung der Teilkegelwinkel auf ganze oder halbe Grade entstehen aus diesen die Erzeugungskegelwinkel $\delta_{p1,2}$.

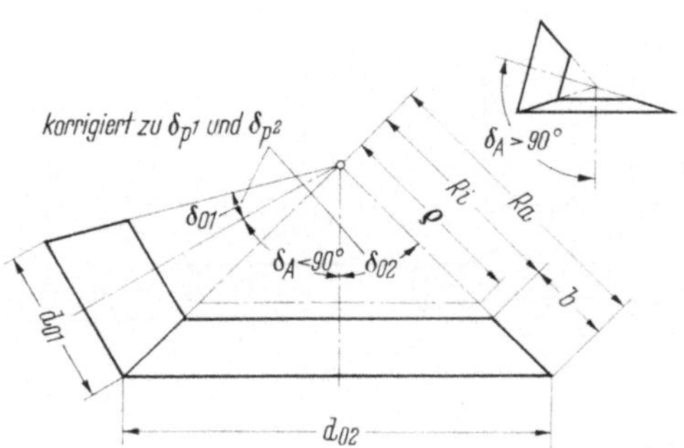

Bild 40. Rechengrößen für die Kegelradberechnung bei δ_A größer oder kleiner als $90°$.

2.522 Drehmaße. Nach den Bildern 39 und 41 gelten die Formeln:

$$a_1 = b \cdot \cos \delta_{p1} \tag{59}$$
$$k_1 = h_{k1} \cdot \cos \delta_{p1} \tag{66}$$

$$c_1 = h_{k1} \cdot \sin \delta_{p1} \tag{60}$$
$$d_{ka1} = d_{o1} + 2 k_1 \tag{67}$$

$$d_{ki1} = d_{ka1} - 2b \sin \delta_{p1} \tag{61}$$
$$H_1 = \frac{d_{o1}}{2} \cdot \cot \delta_{o1} \tag{68}$$

$$w_1 = H_1 - (c_1 + a_1) \tag{62}$$
$$a_2 = b \cdot \cos \delta_{p2} \tag{69}$$

$$k_2 = h_{k2} \cdot \cos \delta_{p2} \tag{63}$$
$$c_2 = h_{k2} \cdot \sin \delta_{p2} \tag{70}$$

$$d_{ka2} = d_{o2} + 2 k_2 \tag{64}$$
$$d_{ki2} = d_{ka2} - 2b \sin \delta_{p2} \tag{71}$$

$$H_2 = \frac{d_{o2}}{2} \cdot \cot \delta_{o2} \tag{65}$$
$$w_2 = H_2 - (c_2 + a_2) \tag{72}$$

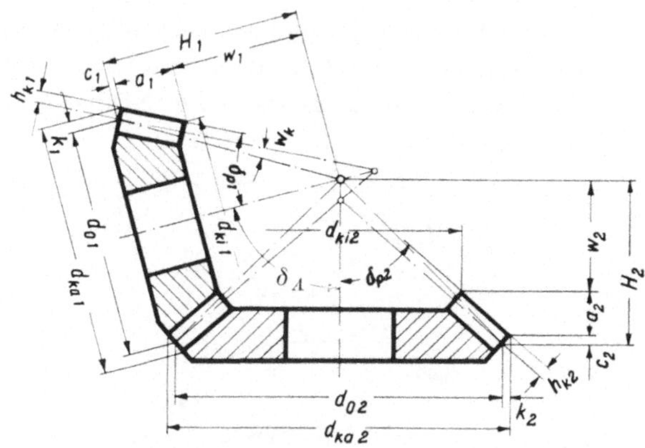

Bild 41. Abmessungen der Kegelräder bei δ_A größer oder kleiner als 90°.

2.53 Überdeckung (Eingriffsdauer)

Nach den Regeln für Schrägzahn-Stirnräder kann man auch bei Spiralkegelrädern eine Profilüberdeckung ε_p und eine Sprungüberdeckung ε_s unterscheiden. Die Sprungüberdeckung wird, wie Bild 42a zeigt, auf die mittlere Teilkegellänge bezogen. Sie ist das Verhältnis von Sprung zu Stirnteilung

$$\varepsilon_S = \frac{S_p}{t} \, . \tag{73}$$

Mit diesen Regeln kommt man hier aber nicht allein aus. Es ist u. a. zu beachten, daß infolge der balligen Zahnanlage die Berührung der Zahnflanken nicht bis zu den Enden der Zähne und auch nicht bis zu den Kopf- und Fußkegeln reicht. Wirklichkeitsnäher geht man deshalb von den Berührungslinien im Eingriffsfeld aus. Nimmt man nach Bild 42b vereinfacht an, daß die Eingriffsfläche der Spiralkegelräder, auf der sich die Flanken berühren, eine Kreisringfläche a ist, die die beiden Grundkegel b und c tangiert, so kann eine Berührung der Flanke d mit der Flanke des Gegenrades in der gezeichneten Stellung nur auf der Durchdringungslinie e der Flanke d mit der Kreisringfläche, der Eingriffsfläche a erfolgen. Die in den einzelnen Wälzstellungen unterschiedlich langen Berührungslinien bestreichen eine elliptische Fläche, das Eingriffsfeld f. Dessen Breite wird u. a. bestimmt durch die Höhe und dessen Länge durch die Länge des Tragbildes. Der Überdeckungsgrad hängt nun davon ab, wie viele Berührungslinien gleichzeitig im Eingriffsfeld liegen. Deren Gesamtlänge ist ein Maßstab für die Lastverteilung. Diesbezügliche Untersuchungen werden zweckmäßig zeichnerisch vorgenommen.

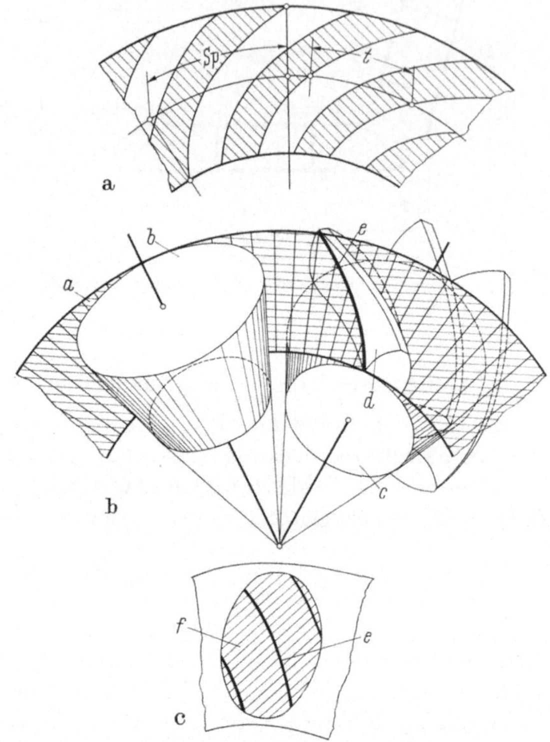

Bild 42a. Sprungüberdeckung.
Bild 42b. Die Eingriffsfläche a tangiert die Grundkegel b und c.
Bild 42c. Eingriffsfeld f mit Berührungslinien e.

2.6 Berechnung von Zyklo-Palloid-Rädern mit sich schneidenden Achsen

2.61 Hauptwerte, hierzu Bild 43

Auch bei der Zyklo-Palloid-Verzahnung kann angenommen werden, daß von den Hauptwerten der Auslegung bereits durch die Konstruktion bekannt sind, der Teilkreisdurchmesser d_{02} des größeren Rades, das Übersetzungsverhältnis i und der Achsenwinkel δ_A. Sind von den übrigen

Hauptwerten, die für die Auslegung maßgebend sind, nämlich Zahnbreite b, Normalmodul m_n, Zähnezahl des Ritzels z_1 und mittlerer Spiral-

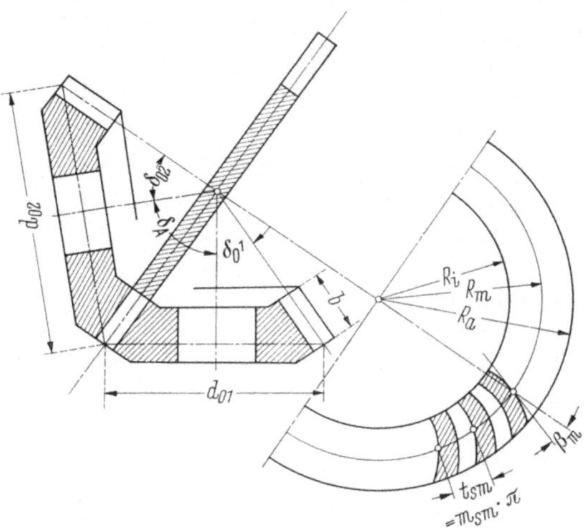

Bild 43. Hauptabmessungen eines Zyklo-Palloid-Getriebes.

winkel β_m, drei nach bestimmten Gesichtspunkten festgelegt, so kann der verbleibende Wert ohne weiteres exakt bestimmt werden. Liegen weniger als drei Werte fest, so ermittelt man die zueinander passenden Größen zunächst durch eine Überschlagsrechnung.

2.62 Überschlagsrechnung

Die Zahnbreite b ist abhängig von dem Verwendungszweck des Getriebes und der äußeren Teilkegellänge R_a. Richtwerte dazu sind in Tafel 8 zusammengestellt.

Für sehr niedrig belastete Getriebe sind für (R_a/b) auch Werte größer als 5 zugelassen, wenn die errechneten Zähnezahlen eine ausreichende Profilüberdeckung ergeben, s. S. 43.

Um die Zahnbreite nach Tafel 8 bestimmen zu können, muß die Teilkegellänge R_a mit Rechenschiebergenauigkeit festgestellt werden. Sie ist

$$R_a \approx \frac{d_{o2}\sqrt{1 + i^2}}{2 \cdot i}\ \text{für}\ \delta_A = 90° \tag{74}$$

und

$$R_a \approx \frac{d_{o2}\sqrt{1 + 2i\cos\delta_A + i^2}}{2i\sin\delta_A}\ \text{für}\ \delta_A \neq 90° . \tag{75}$$

Berechnungstafel 8. *Empfohlene Zahnbreiten, Moduln und Eingriffswinkel für Zyklo-Palloid-Spiralkegelräder*

Verwendungszweck	Zahnbreite	Modul	Eingriffs-winkel
	b	m_n	α_n
Getriebe der Feinmechanik bis $d_{02} = 110$	bis $R_a/3,5$	$0,3 \cdots 1,5$	$17\frac{1}{2}°$
Leicht und mittelschwer beanspruchte Getriebe für Maschinen und Fahrzeuge	$3,5 \leqq R_a/b \leqq 5$	$3,5 \cdots 21$	$20°$
Hochbeanspruchte Getriebe für Maschinen, Straßen und Schienenfahrzeuge	$3 \leqq R_a/b \leqq 3,5$	$3,5 \cdots 21$	$20°$

Für den Normalmodul gelten folgende Richtwerte:

gehärtete, hochbeanspruchte Räder: $7 \leqq (b/m_n) \leqq 8$ (76)

vergütete und weiche Räder: $8 \leqq (b/m_n) \leqq 10$.   (77)

Bei der Wahl der Zähnezahlen ist zu berücksichtigen, daß die kleinste zulässige Zähnezahl 5 ist, daß man aber möglichst 8 nicht unterschreiten sollte. Die Zähnezahlen sollen möglichst nicht durch die Gangzahl der für das Verzahnen vorgesehenen Messerköpfe teilbar sein. Deshalb sollte die Rechnung von Anfang an auf die vorhandenen Messerköpfe abgestimmt werden. Wie z_1 und z_2 ermittelt werden, zeigt das Rechenbeispiel Abschn. 6.21.

Im Regelfall sollen Rad und Gegenrad mit Messerköpfen geschnitten werden, die den gleichen Flugkreisradius und die gleiche Gangzahl haben. Wenn es die Zähnezahlen erfordern, kann von dieser Regel abgewichen werden, wie in dem Abschn. 2.46, Seite 32, erläutert.

Unter Beachtung der vorausgegangenen Richtlinie können die Hauptwerte überschläglich ermittelt werden. Ist auch ein bestimmter Spiralwinkel vorgeschrieben, so steht nicht fest, ob die anderen damit in Zusammenhang stehenden Werte b, m_n und z_1 richtig zueinander abgestimmt sind. Gegebenenfalls sind kleine Umstellungen erforderlich. Die Abstimmung wird erleichtert, wenn vom Herstellerwerk dafür entwickelte Tafeln benutzt werden. Die Größe des Spiralwinkels ist in der Regel nicht auf einen bestimmten Wert festgelegt. Man kann dann auch

Berechnungstafel 9. *Flugkreisradien und Gangzahlen vorhandener Messerköpfe*

Bei Bedarf im Herstellerwerk nach dem Vorhandensein weiterer Größen fragen, da für die Serien- und Massenfertigung Spezialmesserköpfe wirtschaftliche Vorteile bieten.

Modulbereich	Flugkreisradius r_w	Gangzahl z_w
0,3 bis 1,5	25	1 und 2
0,3 bis 1,5	40	1,2 und 3
4 bis 7 (2 bis 13)[1]	135	4 und 5
wie vor	170	4 und 5
wie vor	210	4 und 5
7 bis 13 (bis 21) (ab 3,5)[1]	170	4 und 5
wie vor	210	4 und 5
7 bis 13 (bis 23)[1]	260	4 und 5

[1] in Ausnahmen

ohne die Benutzung von Tafeln die Abstimmung durch kleine Veränderungen des Spiralwinkels wie folgt vornehmen: Aus den bisher gegebenen Werten liegen die Zähnezahlen der Räder und ihre Teilkegelwinkel vor oder können mit dem Rechenschieber leicht überschlagen werden. Daraus bestimmt man die Planradzähnezahl z_p

$$z_p = \frac{z_2}{\sin \delta_{o2}} \, . \tag{78}$$

R_m in Bild 43 ist $R_a - 0{,}5b$ und der mittlere Stirnmodul $m_{sm} = \dfrac{2 \cdot R_m}{z_p}$.

Der Cosinus des Spiralwinkels β_m ist gleich dem Bruch m_n/m_{sm}.

Es wird also deutlich, ob die angenommenen Werte einem annehmbaren Spiralwinkel entsprechen. Der Normalmodul ist bei Getrieben über $m_n = 2$ stufenlos einstellbar, soll aber auf 5/100 aufgerundet werden. Diese Aufrundung nimmt man vor und stellt dann nochmals fest, ob der sich dann ergebende Spiralwinkel noch zusagt. Bei Getrieben der Feinmechanik sind bestimmte Modulwerte festgelegt, s. Tafel 2, S. 26. Für diese muß die Auf- oder Abrundung dann entsprechend sein.

Bei der mit dem Rechenschieber vorzunehmenden Überschlagsrechnung ist auch zu prüfen, ob der Abstand der Messerkopfmitte von der Planradmitte auch eingestellt werden kann, die sog. Maschinendistanz Md. Wie man diese ermittelt, wurde in den Abschnitten 2.43 und 2.44, S. 24 und 27 beschrieben. Md max. ist aus den Arbeitsunterlagen der zur

Verfügung stehenden Maschinen bekannt. Für die Maschinentype AMK 850 ist Md max z. B. 390 mm.

2.63 Berechnung einzelner Bestimmungsstücke

An Zyklo-Palloid-Rädern werden Profilverschiebungen nach den Grundsätzen vorgenommen, die in dem Abschn. 1.514 für Palloid-Räder beschrieben wurden. An Stelle der dort angegebenen Tafelwerte wird der mindestens erforderliche Profilverschiebungsfaktor x_1 zur Erzielung der Unterschnittfreiheit errechnet

$$x_1 = 1{,}1 - \frac{\sin^2 \alpha_n \cdot z_{ni1} \cdot m_{ni}}{2\, m_n} \tag{79}$$

(Genauigkeit 1/100).

Bringt die Rechnung einen negativen Wert, so entsteht Unterschnittfreiheit auch ohne Profilverschiebung.

Die in Formel 79 vorkommende Ergänzungszähnezahl z_{ni1} am Innendurchmesser des Ritzels findet man

$$z_{ni1} = \frac{z_1}{\cos \delta_{o1} \cdot \cos^3 \beta_i} \tag{80}$$

und den Spiralwinkel innen aus:

$$\tan \beta_i = \frac{Ri - \varrho \cdot \cos \psi_i}{\varrho \cdot \sin \psi_i} . \tag{81}$$

Der Zwischenwert ψ_i aus:

$$\cos \psi_i = \frac{Ri^2 + Md^2 - r_w^2}{2\, Ri \cdot Md} . \tag{82}$$

Die Formeln für v und ϱ, Md, 16, 17 und 21, sind auf den Seiten 22 und 24 angegeben. Für die zeichnerische Untersuchung des Zahnprofils muß der Normalmodul und der Profilverschiebungsfaktor am Innendurchmesser bekannt sein. Es ist

$$m_{ni} = \frac{\cos \beta_i (d_{o1} - 2b \sin \delta_{o1})}{z_1} \tag{83}$$

$$x_{i1} = \frac{x_1 \cdot m_n}{m_{ni}} . \tag{84}$$

Die Zahnhöhen $h_{k\,1,2}$ sind

$$h_{k1} = m_n (1 + x_1), \quad h_{k2} = 2m_n - h_{k1} . \tag{85}$$

Bis m_n 1,5 beträgt die gesamte Zahnhöhe h_g 2,1; für größere Moduln $2{,}25 \cdot m_n$.

Die Berechnung der Drehmaße stimmt mit der entsprechenden Berechnung der Palloidräder überein, s. Abschn. 2.514 und 2.522, S. 41 und 42.

Auch für die Überdeckung gelten die Grundsätze des Abschnittes 2.52. Eine rezeptmäßige Zusammenstellung aller für die Berechnung eines Radpaares erforderlichen Formeln kann den weiter hinten folgenden Berechnungsbeispielen entnommen werden.

3. Kegelradschraubgetriebe (AVAU-Spiralkegelräder)
3.1 Merkmale, Anwendung, Wartung

Die Grundkörper der AVAU-Spiralkegelräder sind angenäherte Drehungshyperboloide, weshalb sie auch als Hyperboloidräder und in Amerika mit einer davon abgeleiteten Kürzung als Hypoidräder bezeichnet werden. Das Wort AVAU (von achsversetzt) kennzeichnet die mit Klingelnberg-Verzahnung versehenen achsversetzten Getriebe; im Gegensatz zu den Klingelnberg-Palloid- und Zyklo-Palloid-Spiralkegelrädern, deren Achsen sich bekanntlich schneiden.

Verzahnungstechnisch handelt es sich hier um geschränkte Schraubgetriebe, wie sie schon 1882 von REULEAUX beschrieben wurden. Bild 44 lehnt sich an jene alte Beschreibung an.

Die Grundkörper der achsversetzten Kegelräder sind theoretisch genau Drehungshyperboloide, praktisch aber Kegel. Die Abweichung wird um so geringer, je kleiner die Achsversetzung gewählt wird. Im Hinblick darauf soll die Achsversetzung nicht größer gewählt werden, als es die angestrebte Wirkung erfordert.

Die Kegelradachsen können aus der Stellung, in der sie sich schneiden, Bild 46, in zwei Richtungen versetzt sein, mit der Spiralrich-

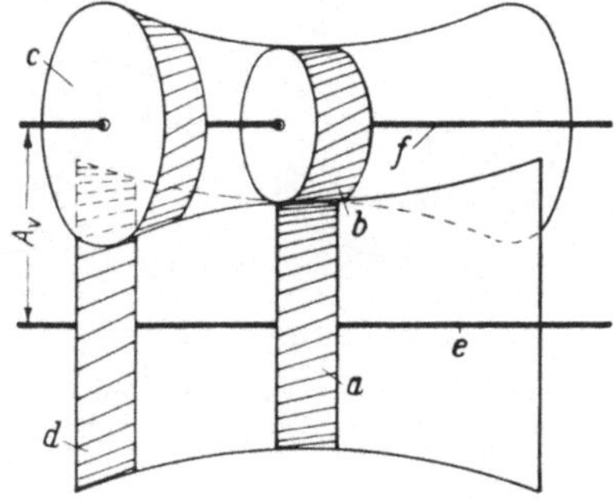

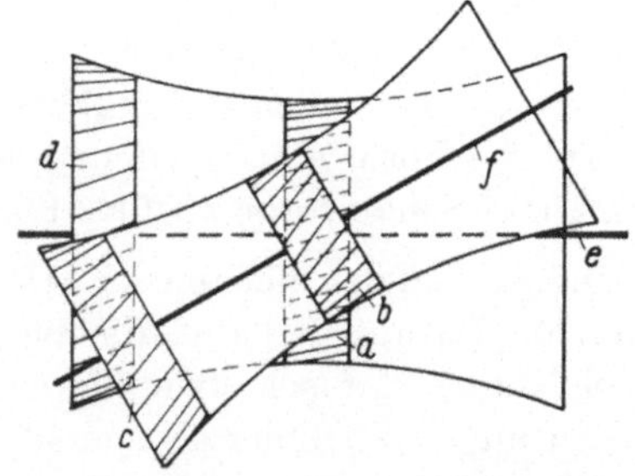

Bild 44. Schraubenstirn- und Schraubenkegelräder sind der gleichen Radart zugeordnet. a, b Schraubenräder, c, d Kegelräder, e, f Radachsen, A_v Größe der Achsenversetzung.

tung, Bild 45, und gegen die Spiralrichtung, Bild 47, des großen Rades. In der einen Richtung wird die Stirnteilung des Ritzels größer, in der anderen Richtung kleiner als die des Tellerrades. Dementsprechend sind auch die Durchmesser der Ritzel gegenüber den Abmessungen der Normalritzel vergrößert oder verkleinert. Nach der bei Schraubgetrieben allgemein üblichen Regel erfolgt die Versetzung möglichst in der Richtung, die zu einer relativen Vergrößerung des treibenden Rades führt. Das gilt vor allem im Fahrzeugbau. Im Textilmaschinenbau verwendet man auch verkleinerte Ritzel, z. B. wenn eine Spindelreihe von einer durchgehenden Welle angetrieben wird.

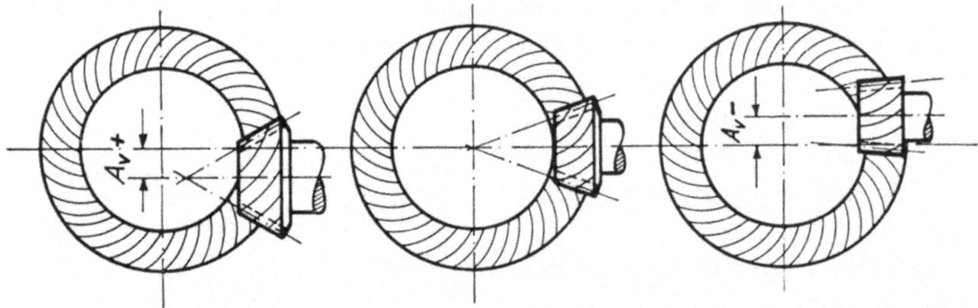

Bilder 45 bis 47. Spiralkegelräder mit nach verschiedenen Richtungen versetzten Achsen. Bild 46. Ohne Achsversetzung. Bild 45. Achsversetzung in Richtung der Spirale (Positive Achsversetzung, A_v +). Bild 47. Achsversetzung gegen die Spiralrichtung (Negative Achsversetzung, A_v −).

Nicht nur die Größe, auch die Form des Ritzels hängt von der Richtung der Versetzung ab. Bei einer Vergrößerung des Ritzels wird sein Kegelwinkel größer, bei einer Verkleinerung kleiner. Im Grenzfall nimmt das Ritzel die Form eines Zylinders und das Tellerrad die eines Planrades an. Diese Sonderform wird als Planradschraubgetriebe bezeichnet.

Die Achsen der meisten AVAU-Getriebe kreuzen sich in einem Winkel von 90°. Darauf sind auch die folgenden Berechnungen beschränkt. Aber auch Räder mit schiefwinklig sich kreuzenden Achsen sind technisch bedeutungsvoll, Bilder 48 und 49.

Die Flanken achsversetzter Spiralkegelräder gleiten nicht nur in Richtung ihrer Höhe aufeinander, sondern auch in Längsrichtung. Dadurch wird die Bildung eines Ölfilmes begünstigt und die Laufruhe verbessert.

Nachteilig sind die hohen Anforderungen an die Schmiermittel. Sie sind besonders sorgfältig auszuwählen. Bei großen Versetzungen kommen nur die auf dem Markt als Hypoidschmiermittel bezeichneten Öle in Frage.

Bild 48. Kegelradgetriebe mit sich recht-winklig kreuzenden Achsen.

Bild 49. Kegelradgetriebe mit sich schief-winklig kreuzenden Achsen.

3.2 Berechnungen

3.21 Geometrische Grundlagen

Bekanntlich werden die Tellerräder von Schraubenkegelrädern genauso verzahnt wie gewöhnliche Spiralkegelräder. Die zugehörigen Ritzel hingegen werden in ihrer achsversetzten Stellung geschnitten. Darauf gründen sich die folgenden Überlegungen.

3.211 Die Grundkörper. Die Grundkörper der Stirnräder sind Wälzzylinder, die der Kegelräder Wälzkegel. Das sind die einem Radpaar zugedachten Körper mit einer gemeinsamen Mantellinie, auf der beide Körper die gleiche Geschwindigkeit haben, also ohne zu gleiten aufeinander abwälzen. Deshalb die Bezeichnung Wälzkörper. Auch die Schraubenkegelräder haben Grundkörper, man kann sie aber nicht als Wälzkörper bezeichnen, weil in allen Abständen von den Radachsen neben der Drehung auch eine axiale Verschiebung des betrachteten Punktes stattfindet. Grundkörper der Schraubenkegelräder sind diejenigen Körper, deren gemeinsame Mantellinie gleich große, von der Drehung der Räder abgeleitete, gemeinsame Komponenten haben. Zur Erklärung diene folgendes:

4*

Ist nach Bild 50 das Ritzel a zum Planrad b so angeordnet, daß seine Achse c die Planradachse schneidet, dann verläuft die Umfangsrichtung des Ritzels tangential zu dem Kreis e des Planrades, auf dem sich Ritzel und Planrad berühren: die Bewegungsübertragung erfolgt ausschließlich durch Wälzen. Ist das Ritzel f so angeordnet, daß seine Achse c den Berührungskreis e tangiert, wobei die Achsversetzung v gleich dem Radius R wird, so ist die Umfangsrichtung des Ritzels auf die Planradachse hin gerichtet, eine Bewegungsübertragung durch Wälzen kann nicht mehr stattfinden. Sie kann nur, wie bei Schnecke und Schneckenrad durch eine Verschraubung erfolgen.

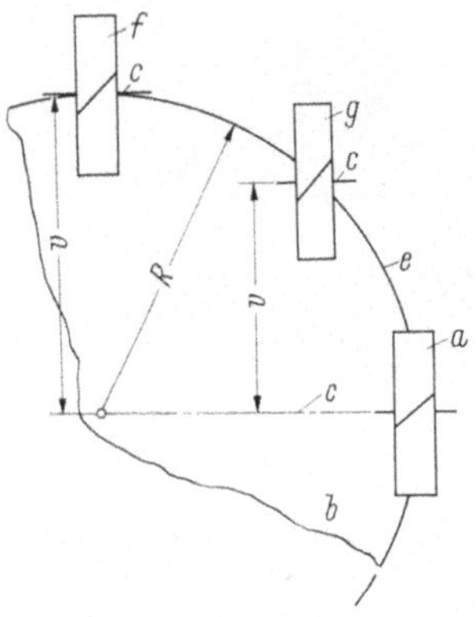

Bild 50. Ritzel und Planrad mit verschieden großer Achsversetzung.

Bei allen Ritzelstellungen zwischen a und f, z. B. g, findet ein kombiniertes Wälzen und Gleiten statt. Je kleiner die Achsversetzung, um so größer ist der Wälzanteil, je größer die Versetzung, um so größer ist der Anteil des Schraubens.

Die Größe der Verschraubung wird außer von der Größe der Versetzung auch von der Schräglage der Zähne bestimmt.

3.212 Das Profil des Wälzkörpers. Zur Erläuterung der hier wichtigen Zusammenhänge dient Bild 51. Ein Ritzel a ist achsversetzt zu einem Tellerrad b angeordnet. Eine Drehung des Planrades ergebe im Punkt P_a eine Umfangsgeschwindigkeit v_a und im Punkt P_i eine solche von v_i. Nach bekannten Regeln können diese Bewegungen in Komponenten in Umfangsrichtung des Ritzels zerlegt werden, in Komponenten des Wälzens w_a und w_i sowie in Komponenten des Schraubens s_a und s_i. Für die letzteren ist maßgebend die Richtung der Tangenten c_a und c_i an die Zahnlängslinien innen und außen am Planrad. Die Summe von w und s bewirkt eine Drehung des Ritzels um die Ritzelachse M. Durch die gewählten Zähnezahlen für Ritzel und Planrad liegt das Übersetzungsverhältnis zwischen beiden fest. Eine Teildrehung des Planrades bewirkt auch eine bestimmte Teildrehung des Ritzels, im Bild durch den schraffierten Winkel angedeutet. Den Komponenten $w_a + s_a$ entspricht eine solche Winkeldrehung des Ritzels im Abstand r_a und den Komponenten w_i und w_a im Abstand r_i. r_a und r_i sind die Radien des Ritzelgrundkörpers innen und außen. Die Größe der Radien von zwischen innen- und außen-

liegenden Punkten hängt von dem Krümmungsverlauf der Zahnlängslinien ab. Im Abstand dieser Radien wird der Eingriffswinkel des
Erzeugungsplanrades unverändert auf das Ritzel übertragen. Sie kenn-
zeichnen den Grundkörper, der mit den Wälzkörpern der Wälzgetriebe
zu vergleichen ist. Er kann beispielsweise die Form des Körpers g in
Bild 52 mit nach innen gekrümmtem Mantel haben. Der praktisch ausgeführte Drehkörper des Ritzels wird vereinfacht nach einem Kegel d
geformt, wobei dessen Mantellinie die hohle Mantellinie des Grundkörpers
in der Mitte der Zahnlänge (m) tangiert.

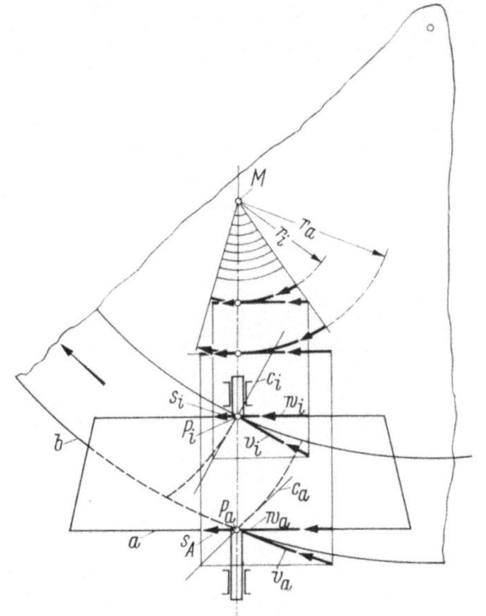

Bild 51. Verschieden großes Wälzen und Schrauben zwischen Ritzel
a und Tellerrad b.

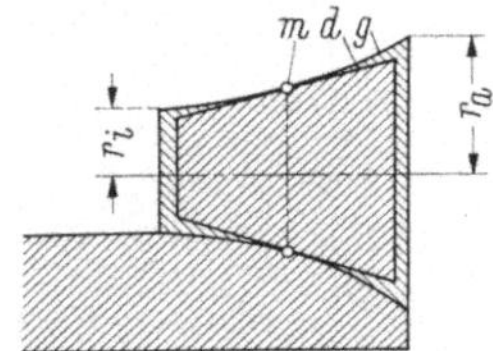

Bild 52. Der Drehkörper d des Ritzels tangiert den Grundkörper g mit
seiner Mantellinie in m.

3.213 Allgemeine Grundregel.[1]) Beim Entwurf eines achsversetzten
Getriebes sind in der Regel bekannt:

Der Außenteilkreisdurchmesser des Tellerrades,

das Übersetzungsverhältnis und

die Achsversetzung des Ritzels.

Aus diesen gegebenen Werten müssen die Verzahnungsdaten und die
übrigen Radkörperabmessungen entsprechend den allgemeinen kine-

---

[1] Ausführlich behandelt in den Aufsätzen: REBESKI, H.: ATZ. 57/2/55 S. 43—46
und 57/3/55 S. 74—78.

matischen und den besonderen Bedingungen des Verzahnungssystems bestimmt werden. Die allgemeinen kinematischen Bedingungen sind folgende:

1. Der gemeinsame Berührungspunkt der beiden Grunddrehkörper muß auf einer Geraden liegen, die beide Achsen schneidet.

2. Die Tangentenrichtung der Längskrümmung im Berührungspunkt muß bei beiden Rädern gleich sein.

3. Die Geschwindigkeitskomponente in der Teilebene senkrecht zur Längstangente muß bei beiden Rädern gleich sein.

4. Die Summe der relativen Bewegungen bei der Erzeugung der beiden Räder muß gleich sein den relativen Bewegungen der beiden Räder im Eingriff.

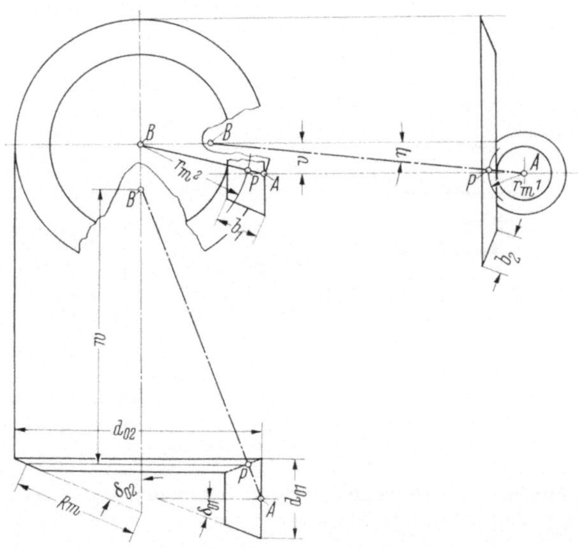

Bild 53. Der gemeinsame Berührungspunkt P der beiden Grundkörper muß auf einer Geraden liegen (zwischen A und B), die beide Achsen schneidet.

Aus der durch die Konstruktion gegebenen Getriebeversetzung v und dem Tellerrad-Teilkreisdurchmesser d_{o2} kann der Getriebeachsversetzungswinkel ζ_m bestimmt werden, und zwar zunächst als Überschlagswert aus Tafel 10, bezogen auf v/d_{o2}.

Berechnungstafel 10. *Achsversetzungswinkel ζ_m in Abhängigkeit von v/d_{02}.*

Berechnungstafel 11. *Überschlagswert der Zahnbreite b_2 in Abhängigkeit vom Übersetzungsverhältnis i und dem Achsversetzungswinkel ζ_m.*

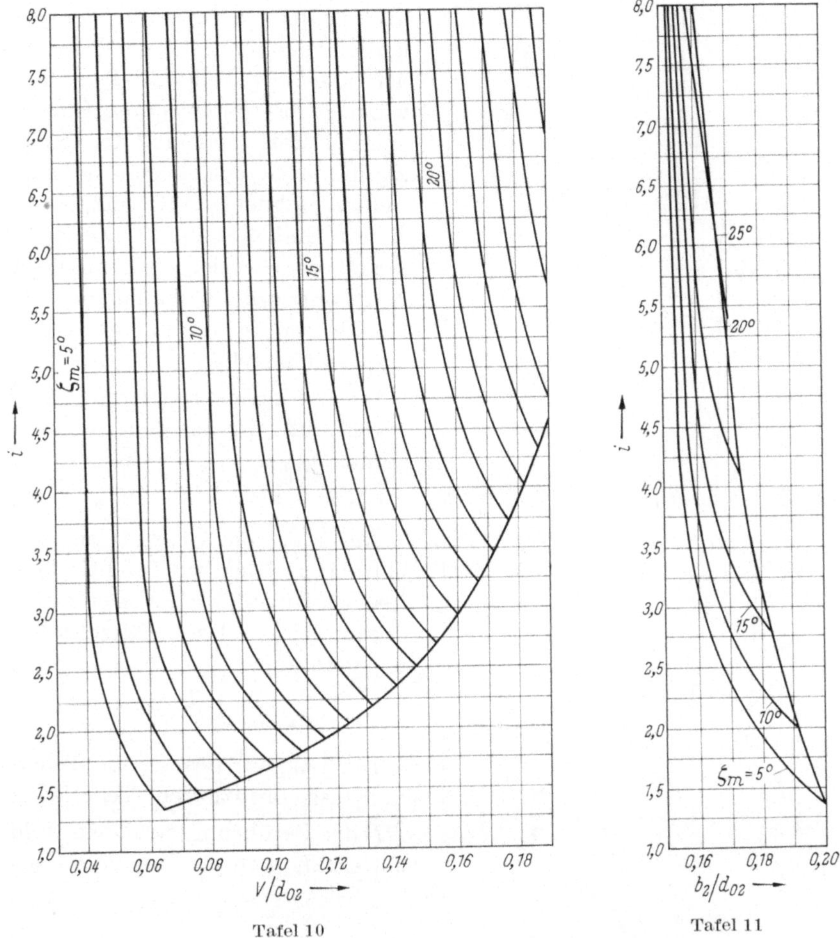

Tafel 10

Tafel 11

Berechnungstafel 12. *Ritzelfaktor F in Abhängigkeit vom Übersetzungsverhältnis i und dem Achsversetzungswinkel ζ_m.*

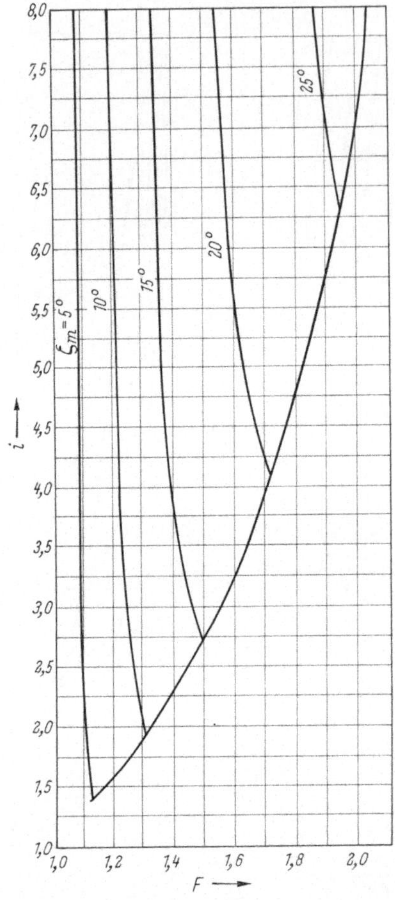

Mit Hilfe des Achsversetzungswinkels können nun für die weitere Überschlagsrechnung nach Tafel 11 die ungefähre Zahnbreite b_2 und nach Tafel 12 ein Hilfswert, der vorläufige Ritzelfaktor F und Tafel 13 der ungefähre Tellerrad-Teilkegelwinkel δ_{o2} bestimmt werden. Gemäß obiger Forderung 1 muß der Punkt P auf einer Geraden liegen, die beide Achsen schneidet. Schnittpunkte sind in Bild 53 A und B. Die Richtung dieser Geraden wird durch den Kegelwinkel δ_{o2} bestimmt, da die Gerade senkrecht auf der Kegelmantellinie steht.

Der wirksame mittlere Radius von Punkt P für das Tellerrad wird damit:

$$r_{m2} = 0,5\,(d_{o2} - b_2 \cdot \sin \delta_{o2})\,. \quad (86)$$

Aus r_{m2}, dem Übersetzungsverhältnis i und dem aus Tafel 12 abgelesenen Ritzelfaktor F ergibt sich der mittlere wirksame Ritzelradius r_{m1} vorläufig.

$$r_{m1\ vorl.} = \frac{F \cdot r_{m2}}{i}\,. \quad (87)$$

Die Länge w des auf die Tellerradachse projizierten Teilstückes $\overline{BP}$ der Berührungsnormalen, Bild 53, erhält man aus der Beziehung

$$w = r_{m2} \cdot \tan \delta_{o2}\,. \quad (88)$$

Mit der Achsversetzung v errechnet sich der Winkel η

$$\tan \eta = \frac{v}{w + r_{m1} \cdot \cos \eta}\,. \quad (88\,\text{a})$$

Hierbei ist für $\cos \eta$ zunächst der Wert 0,995 einzusetzen. Diese Zahl stellt einen Mittelwert dar. Da das Produkt $r_{m1} \cdot \cos \eta$ im Vergleich zu

Berechnungstafel 13. *Überschlagswert für den Tellerradkegelwinkel δ_{02} in Abhängigkeit vom Übersetzungsverhältnis i und dem Achsversetzungswinkel ζ_m.*

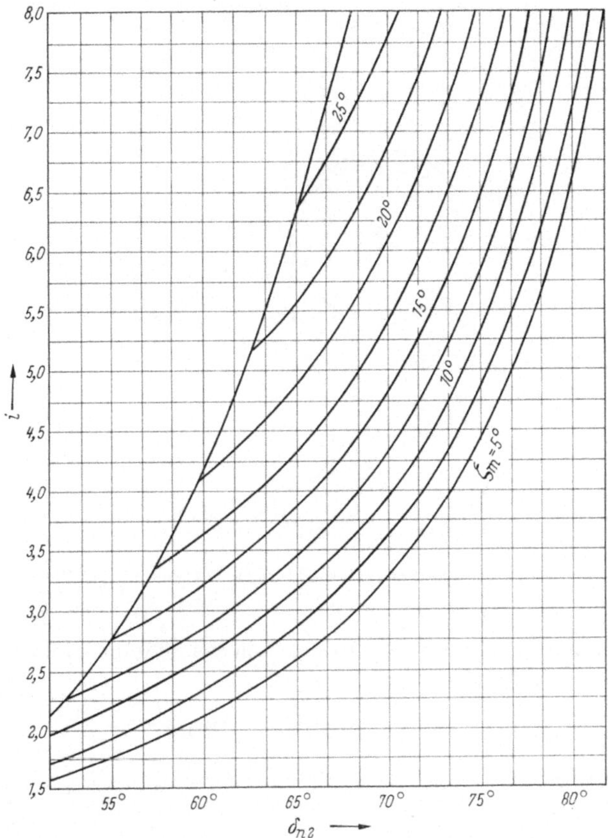

w verhältnismäßig klein ist, bleibt der auftretende Fehler vernachlässigbar gering.

Die Neigung ζ_m der Berührungsnormalen zur Ritzelachse in Richtung der Radachse gesehen, errechnet sich aus

$$\sin \zeta_m = \frac{w \cdot \tan \eta}{r_{m2}}. \tag{89}$$

Wie Bild 54 erkennen läßt, weicht diese durch die eingekippte Lage des Planrades in bezug zur Tellerradebene von der Achsversetzung in bezug auf das Tellerrad ab. Der Achsversetzungswinkel ζ'_m in der Planradebene errechnet sich aus

$$\tan \zeta'_m = \frac{\tan \zeta_m}{\sin \delta_{o2}} \; . \tag{90}$$

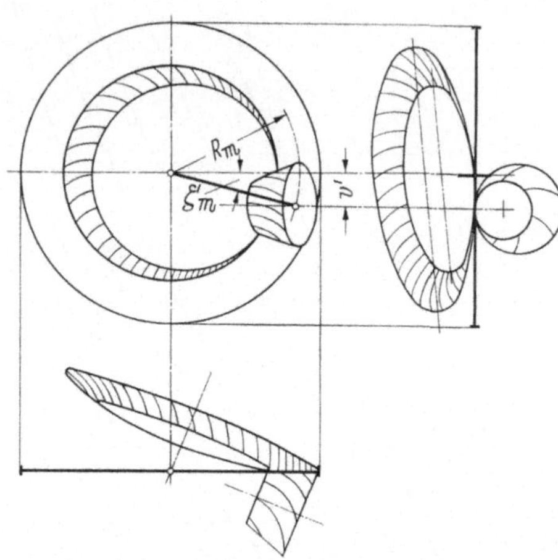

Bild 54. Die Lage eines achsversetzten Getriebes, bezogen auf die Planradebene.

Aus dem Kegelwinkel δ_{o2} und dem Achsversetzungswinkel ζ_m erhält man den Teilkegelwinkel des Ritzels δ_{o1}

$$\sin \delta_{o1} = \cos \zeta_m \cdot \cos \delta_{o2} \; . \tag{91}$$

Der Wert R_m (die mittlere Spitzenentfernung $= R_{a2} - \dfrac{b_2}{2}$) ergibt sich aus

$$R_m = \frac{r_{m2}}{\sin \delta_{o2}} \; . \tag{92}$$

3.214 Fortsetzung der Rechnung für Palloid-Verzahnung. Die vorstehend beschriebene allgemeine Überschlagsrechnung gilt in gleicher Weise für die Palloid- und die Zyklo-Palloid-Verzahnung. Die weitere Überschlagsrechnung muß der gewählten Verzahnungsart angepaßt sein. Dieser Abschnitt gilt ausschließlich der Palloidverzahnung. Aus dem gegebenen Übersetzungsverhältnis bestimmt man die Zähnezahlen z_1 und z_2. Zur Erzielung einer genügend großen Überdeckung und der Vermeidung

übermäßig großer Zahnkopfhöhenkorrekturen, sollte die Zähnezahl des
Ritzels möglichst nicht unter 8 liegen. Grundsätzlich sind auch kleinere
Zähnezahlen ausführbar.

Für die Planradzähnezahl gilt

$$z_p = \frac{z_2}{\sin \delta_{02}} \tag{93}$$

daraus

$$\varrho = \frac{z_p \cdot m_n}{2} \tag{94}$$

m_n findet man in Tafel 14.

Man rechnet weiter

$$R_{a2} = \frac{z_p \cdot d_{02}}{2 z_2} \tag{95}$$

und

$$R_{i2} = R_{a2} - b_2 . \tag{96}$$

Nunmehr wird geprüft, ob der
für die Fertigung vorgesehene
Kegelradfräser für die überschläglich festgelegten Daten geeignet
ist. Man verfährt dabei nach den
schon früher erläuterten Regeln
(Seite 37).

Die bereits nach Formel 93
überschläglich errechnete Planradzähnezahl wird nunmehr nach
dieser Formel genau, und zwar
auf vier Stellen hinter dem Kom-
ma, ausgerechnet und mit Formel 94 auch der Halbmesser ϱ.

Zur Kontrolle des aus Tafel
12 abgelesenen Wertes F, der
auch das Cosinusverhältnis der
beiden mittleren Spiralwinkel
ausdrückt, werden jetzt die mittleren Spiralwinkel von Rad und
Ritzel errechnet.

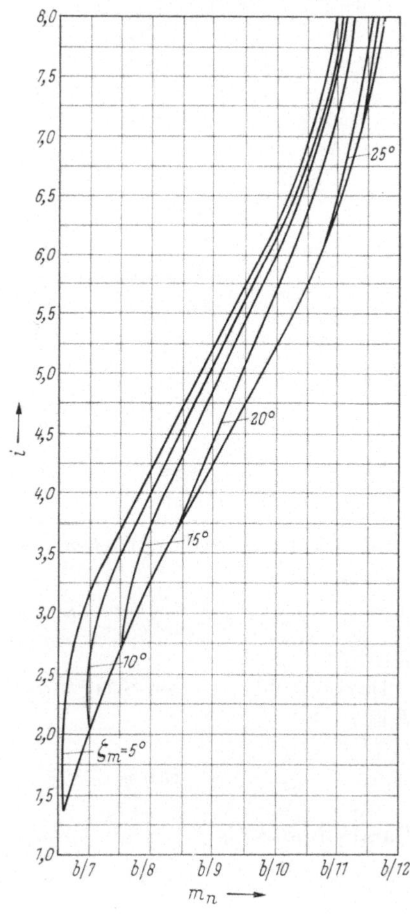

Berechnungstafel 14. *Normalmodul m_n für
eine Überschlagsrechnung in Abhängigkeit
vom Übersetzungsverhältnis i und dem
Achsversetzungswinkel ζ_m.*

Bekanntlich sind die Zahnlängslinien der Palloidräder nach verlängerten Evolventen gekrümmt. Um den mittleren Spiralwinkel zunächst des Tellerrades zu bestimmen, errechnet man zunächst einen Hilfswinkel φ_2, Bild 55.

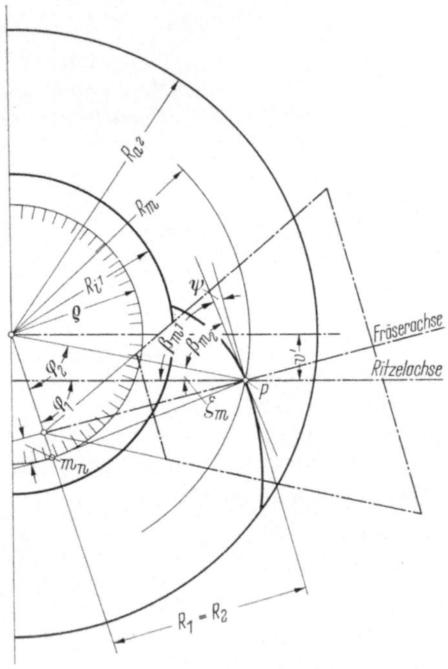

Bild 55. Relative Position der Fräser- und Ritzelachse, projiziert auf die Planradebene.

$$\cos \varphi_2 = \frac{\varrho - m_n}{R_m} \, , \quad \varphi_1 = \beta_{m1} + \psi \, . \tag{97}$$

Davon zieht man den Steigungswinkel ψ des Kegelradfräsers im Punkt P ab.

$$\tan \psi = \frac{m_n}{R_m \cdot \sin \varphi_2} \tag{98}$$

Daraus findet man den mittleren Spiralwinkel des Tellerrades

$$\beta_m = \varphi_2 - \psi \tag{99}$$

und den mittleren Spiralwinkel des Ritzels

$$\beta_{m1} = \beta_{m2} + \zeta'_m \quad \text{und} \quad \varphi_1 = \beta_{m1} + \psi \ . \tag{100}$$

Jetzt wird der Wert F kontrolliert. Man findet

$$F_{korr} = \frac{\cos \beta_{m2}}{\cos \beta_{m1}} \tag{101}$$

und damit den wirksamen mittleren Ritzelradius $r_{m1\,korr}$.

$$r_{m1\,korr} = \frac{F_{korr} \cdot r_{m2}}{i} \ . \tag{102}$$

Nach Grundsatz 2 (Seite 54) sollen die Tangentenrichtungen der Zahnlängslinien von Rad und Ritzel im Berührungspunkt P gleich sein. Bei Palloidrädern ist diese Bedingung erfüllt, wenn die Krümmungsradien R_1 und R_2 in Bild 55 gleich sind. Es ist

$$R_2 = R_m \cdot \sin \varphi_2 \tag{103}$$

$$R_1 = \frac{r_{m1korr} \cdot \sin \varphi_1}{\sin \delta_{o1}} \ . \tag{104}$$

Ist der Unterschied der Krümmungsradien größer als $\pm\,1\%$, so ist die Rechnung zu erneuern. War R_1 größer als R_2, so ist bei der folgenden Rechnung δ_{o2} etwas kleiner, umgekehrt etwas größer zu wählen.

Bei der zweiten Rechnung sind die korrigierten Teilkegelwinkel, wie auch F_{korr} und η_{korr} einzusetzen.

Durch die eingekippte Lage des Planrades, Bild 54, ist, wie schon dargelegt, die Achsversetzung beim Verzahnen eine andere als im Getriebe. Die Achsversetzung beim Verzahnen ist

$$v' = R_m \cdot \sin \zeta'_m \ . \tag{105}$$

Die am Eingriff beteiligte Zahnbreite des Ritzels in der Teilebene wird

$$b_1 = \frac{b_2}{\cos \zeta'_m} \ . \tag{106}$$

Das Eingriffsfeld der Räder ragt jedoch in zwei Ecken über die Zahnbreite b_1 hinaus. Man berücksichtigt dieses mit genügender Genauigkeit durch eine Verbreiterung um b_x, Bilder 56 und 57.

$$b_x \approx 1{,}5\,m_n \cdot \tan \zeta'_m \ . \tag{106a}$$

Die Gesamtbreite des Ritzelzahnes wird

$$b_g = b_1 + 2\,b_x \ . \tag{107}$$

Für die weiteren Hauptabmessungen gilt dann

$$R_{a1} = R_m \cdot \cos \zeta'_m + \frac{b_g}{2} \quad (108) \qquad\qquad R_{i1} = R_{a1} - b_g \qquad\qquad (109)$$

$$R_{a2} = \frac{d_{o2} \cdot z_p}{2 z_2} \qquad (108\,\text{a}) \qquad\qquad R_{i2} = R_{a2} - b_2 \,. \qquad\qquad (108\,\text{b})$$

3.215 Fortsetzung der Rechnung für die Zyklo-Palloid-Verzahnung.
Die theoretischen Grundlagen sind die gleichen. Auch hier werden die
Hauptwerte zunächst angenähert bestimmt und diese dann durch Wieder-
holungsrechnungen auf die endgültigen Werte gebracht. Die Rechnung
selbst ist allerdings länger, im wesentlichen bedingt durch die Bestim-
mung eines geeigneten Flugkreishalbmessers für den einzusetzenden
Messerkopf. Die Berechnung erfolgt in der Reihenfolge und mit den
Formeln, wie sie im Berechnungsbeispiel (Seite 58) angegeben sind. Zur
Erläuterung dazu noch folgendes:

3.2151 Überschlagsrechnung. Aus der Konstruktion sind auch hier
üblicherweise festgelegt: Teilkreisdurchmeeser des Tellerrades d_{o2}, Übersetzungsverhältnis i, Getriebeachsversetzung v und Zahnbreite b_2 des
Tellerrades. Mit diesen Werten kann mit den ersten Formeln des Berech-
nungsbeispieles überschläglich bestimmt werden: Getriebeschwenkwinkel
$\zeta_{m\,vorl.}$, Teilkegelwinkel des Tellerrades δ_{o2}, mittlerer Tellerradius r_{m2}.

Von den weiter benötigten Ausgangswerten: Normalmodul m_n, β_{m2}
und Zähnezahl des Tellerrades z_2 sind zwei bestimmbar oder bereits
vorher festgelegt. Die Berechnung der dann noch nicht festgelegten
dritten Größe und des Wertes F geschieht ebenfalls nach den im Rechenbeispiel eingangs festgelegten Formeln.

3.2152 Bestimmung der genauen Hauptwerte. Die Berechnung erfolgt
nach Teil 2 des Rechenbeispieles. Die Werte F und d_{o2} werden aus der
voraufgegangenen Überschlagsrechnung übernommen. Mit Hilfe der in
Teil 2 angegebenen Formeln findet man den erforderlichen Flugkreisradius r_w. Dieser wird dann endgültig nach vorhandenen Messerköpfen
festgelegt. Grundsätzlich ist zu beachten, daß der Übergang zu einem
kleineren als errechneten Flugkreisradius eine Verkleinerung des Teil-
kegelwinkels δ_{o2} fordert. Das Ritzel wird also dicker, als in der ersten
Überschlagsrechnung angenommen. Die Berechnung des Flugkreisradius
kann unterbleiben, wenn man im Rechnungsgang umgekehrt verfährt
und zu einem gegebenen Messerkopf eine geeignete Auslegung sucht. Ist
der Flugkreisradius festgelegt, muß in Abhängigkeit von m_n, r_w, δ_{o2} und
β_{m2} zunächst geprüft werden, ob die Getriebeabmessungen im Anwen-

dungsbereich der für das Verzahnen vorgesehenen Maschine liegen. Die Prüfung erfolgt nach den schon früher gebrachten Regeln. Als Kriterium dafür, daß eine weitere Verfeinerung der Rechnung nicht mehr erforderlich ist, gilt die Forderung, daß $R_{m1} \approx R_{m1\,vgl.}$ sein soll, wobei ein Unterschied von $\pm\,0{,}1\%$ zulässig ist. Findet man einen noch größeren Unterschied, wird δ_{o2} abgeändert und die Rechnung wiederholt, bis die obige Bedingung erfüllt ist.

Um am Ritzel Unterschnitt zu vermeiden, wird nach Teil 3 des Rechenbeispieles der mindestens hierfür erforderliche Profilverschiebungsfaktor x_1 bestimmt.

3.22 Berechnung der Drehmaße für Palloid- und Zyklo-Palloid-Räder

Zu beachten ist, daß bei AVAU-Rädern die Bestimmung der Drehmaße von dem Punkte P aus erfolgt, für den nach den voraufgegangenen Berechnungen alle räumlichen Abstände festliegen. Die Bilder 56 und 57

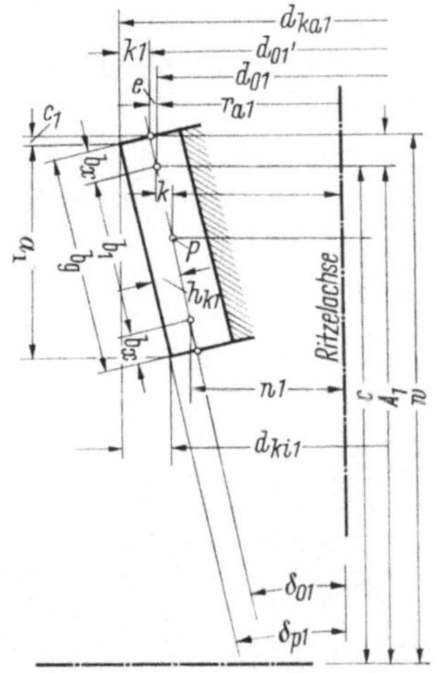

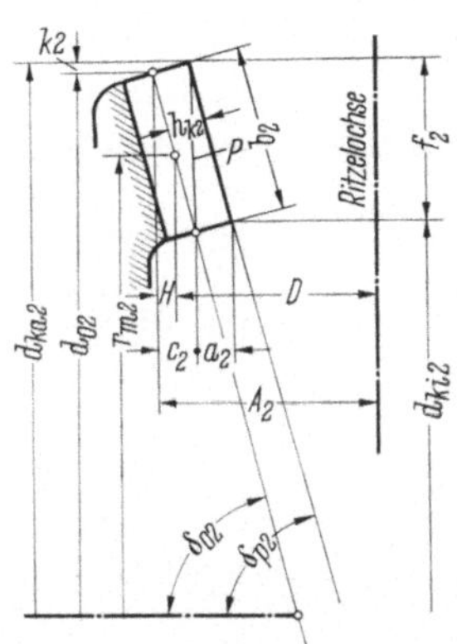

Bild 56. Bezugsgrundlage der Drehmaßberechnung für das Ritzel.

Bild 57. Bezugsgrundlage für die Drehmaßberechnung für das Tellerrad.

lassen die Zusammenhänge erkennen. Im übrigen deckt sich die Drehmaßberechnung mit der Berechnung normaler Klingelnberg-Räder, wie das Berechnungsbeispiel zeigt. Zu bemerken ist noch, daß AVAU-Räder in der Regel ohne Winkelkorrektur hergestellt werden. Es ist dann $\delta_p = \delta_o$.

4. Berechnung der äußeren Kräfte

4.1 Bestimmung der Umfangskraft aus der Leistung oder dem Drehmoment

Um die Übertragungsfähigkeit eines Zahnrades prüfen und die von ihm hervorgerufene Lagerbelastung bestimmen zu können, muß die am Teilkreis d_o des Rades wirkende Umfangskraft P_u bekannt sein. Bei Kegelrädern wird an Stelle des Teilkreisdurchmessers d_o der mittlere Teilkreisdurchmesser d_m bzw. der mittlere Halbmesser r_m eingesetzt.

4.11 Aus dem Motordrehmoment

Die Umfangskraft P_u wird bestimmt aus dem Drehmoment M_t und dem Durchmesser der mittleren Teilkegellänge d_{m1} des kleineren Rades.

Es ist

$$M_t = \frac{716 \cdot N}{n_1} \text{ (kpm)}. \tag{111}$$

Bei Verbrennungsmotoren bestimmt man das Drehmoment aus dem maximalen Motordrehmoment mit der hierzu gehörenden Drehzahl und multipliziert mit der Übersetzung des Schaltgetriebes. In der Formel bedeuten: N die übertragende Leistung in PS und n_1 die Drehzahl des kleinen Rades in der Minute. Es gelten auch die bekannten Formeln:

$$P_u = \frac{75 \cdot N}{v} \text{ (kp) und } \quad v = \frac{d_m \cdot n}{19\,100} \tag{111a}$$

(n = Drehzahl in der Min., v = Umfangsgeschwindigkeit in m/s).

Für die Umfangskraft gilt

$$P_u = \frac{M_t \cdot 2000}{d_{m1}} \text{ (kp)} \tag{112}$$

mit

$$d_{m1} = d_{o1} - b \cdot \sin \delta_{p1} . \tag{113}$$

4.12 Aus dem Rutschmoment

Bei Fahrzeugen sollte stets die auftretende Umfangskraft des Ritzels auch aus dem Rutschmoment ermittelt werden.

Die Formel des Rutschmomentes ist

$$M_{tR} = \mu \cdot Q_H \cdot \frac{z_1}{z_2 \cdot i_{st}} \cdot r_w \text{ (kpm)}. \tag{114}$$

Hierin bedeutet: μ = Reibungsziffern:

Motorrad, Personenwagen = 0,6; Lastwagen, Schlepper = 0,8; Raupenschlepper = 1,0; Schienenfahrzeuge = $\dfrac{7{,}5}{v_{\mathrm{h}} + 44} + 0{,}16$ (nach KNIFFLER-CURTIUS)

v_{h} = Fahrgeschwindigkeit in km/Std.

Q_H = Gewichtsbelastung der Antriebsachse in kp,

$z_{1,2}$ = Zähnezahlen der Kegelräder

i_{st} = Stirnradübersetzung zwischen Kegelrädern und Reifen,

r_w = wirksamer Reifenhalbmesser bzw. Kettenradhalbmesser (m).

4.2 Ableitung der einzelnen Kräfte

Bei der Kräfteberechnung geht man davon aus, daß die zu übertragende Kraft in einem mittleren Punkt der Zahnoberfläche angreift. Bild 58 zeigt die Kräfteverhältnisse für die Flanke I. Die senkrecht zur

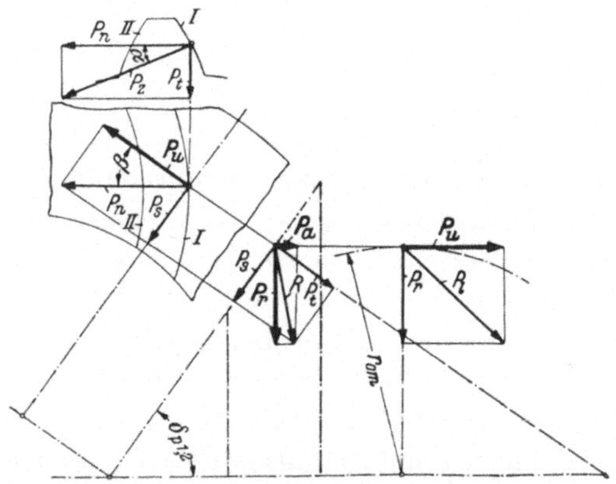

Bild 58. An der gewölbten Flanke I eines Spiralkegelrades wirkende Kräfte.

Zahnoberfläche wirkende Kraft P_z kann in die senkrecht zur Zahnlängslinie und tangential zum Teilkegelmantel wirkende Kraft P_n sowie in die senkrecht zum Teilkegelmantel wirkende Kraft P_t zerlegt werden. P_n kann wiederum zerlegt werden in die Umfangskraft P_u und eine in Richtung der Kegelmantellinie liegende Komponente P_s. Die Kräfte P_t und P_s können in einer resultierenden R zusammengefaßt werden. Dann ist die in Richtung der Achse wirkende Kraft die für die axiale Lagerbelastung maßgebende Axialkraft P_a.

5 Krumme, Spiralkegelräder 3. Aufl.

Mit den oben besprochenen, in Bild 58 eingesetzten Zeichen ist für die Flanke I:

$$P_t = P_n \cdot \tan \alpha = \frac{P_u \cdot \tan \alpha}{\cos \beta},$$

$$P_s = P_u \cdot \tan \beta,$$

$$P_a = P_t \cdot \sin \delta - P_s \cdot \cos \delta \quad \text{und umgeformt}$$

$$P_a = P_u \cdot \left(\tan \alpha \cdot \frac{\sin \delta}{\cos \beta} - \tan \beta \cdot \cos \delta \right),$$

$$P_r = P_t \cdot \cos \delta + P_s \cdot \sin \delta \quad \text{und umgeformt}$$

$$P_r = P_u \cdot \left(\tan \alpha \cdot \frac{\cos \delta}{\cos \beta} + \tan \beta \cdot \sin \delta \right).$$

Für die Flanke II ist statt β: $-\beta$ einzusetzen. Man erhält dann auf die gleiche Weise:

$$P_a = P_u \cdot \left(\tan \alpha \cdot \frac{\sin \delta}{\cos \beta} + \tan \beta \cdot \cos \delta \right),$$

$$P_r = P_u \cdot \left(\tan \alpha \cdot \frac{\cos \delta}{\cos \beta} - \tan \beta \cdot \sin \delta \right).$$

4.3 Berechnung der Axialkraft und der Radialkraft

Die Größe der Axialkräfte P_{a1} für das treibende und P_{a2} für das getriebene Rad ist im wesentlichen abhängig von den Kegelwinkeln δ_{p1} und δ_{p2}, dem Eingriffswinkel α und dem Spiralwinkel β.

Sind Drehrichtung und Spiralrichtung gleich (wie in Bild 59), dann ist in den nachfolgenden Formeln für das treibende Rad $+$ und für das getriebene Rad $-$ einzusetzen.

Verlaufen Drehrichtung und Spiralrichtung entgegengesetzt, so ist für das treibende Rad $-$ und für das getriebene Rad $+$ einzusetzen.

Die Axialkraft beträgt für das kleinere Rad

$$P_{a1} = P_u \cdot \left(\tan \alpha \cdot \frac{\sin \delta_{p1}}{\cos \beta_r} \pm \tan \beta_r \cdot \cos \delta_{o1} \right) \tag{115}$$

und für das größere Rad

$$P_{a2} = P_u \cdot \left(\tan \alpha \cdot \frac{\sin \delta_{p2}}{\cos \beta_r} \pm \tan \beta_r \cdot \cos \delta_{o2} \right). \tag{116}$$

Die Größe des Spiralwinkels β_r wird für Palloidräder nach der normalen Spiralwinkelformel für die Spitzenentfernung $R_a - 0{,}6b$ bestimmt.

Für Palloidräder gilt also: $\cos \beta_r = \dfrac{\varrho}{R_a - 0{,}6b}$ (117)

Für Zyklo-Palloid-Räder wird der zu $R_a - 0{,}5b$ gehörende Spiralwinkel zugrunde gelegt.

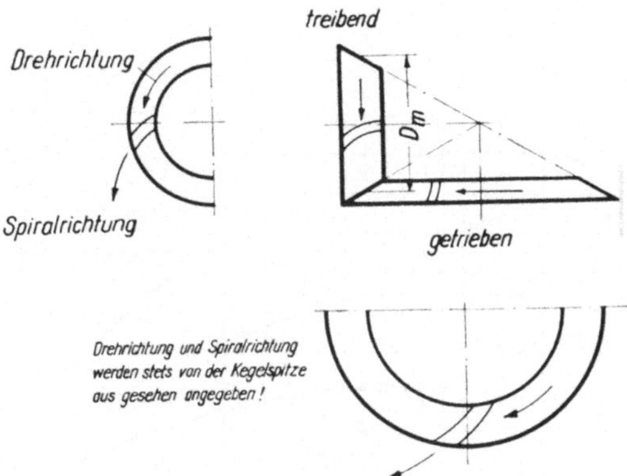

Bild 59. Abhängigkeit der Richtung des Axialschubes von der Drehrichtung und der Spiralrichtung.

Hat das Rechenergebnis das Vorzeichen $+$, so ist die Axialkraft von der Kegelspitze weg gerichtet (Bild 60a). Ergibt die Rechnung das Vorzeichen $-$, so verläuft die Axialkraft auf die Kegelspitze zu (Bild 60b).

In der Regel wird die Spiralrichtung des kleineren, treibenden Rades (Ritzel) so gewählt, daß von der Kegelspitze aus gesehen Hauptdrehrichtung und Spiralrichtung gleich sind. Hierdurch erhält das Tellerrad die geringere Ausbiegungskraft.

Bild 60a. Von der Kegelspitze weg gerichteter Axialschub erhält das Vorzeichen $+$.
Bild 60b. Auf die Kegelspitze zu gerichteter Axialschub erhält das Vorzeichen $-$.

Die Bestimmung der Radialkraft ist bei Kegelrädern mit sich rechtwinklig schneidenden Achsen, wie sie zumeist vorkommen, insofern sehr einfach, als hierbei die Axialkraft des einen Rades für das Gegenrad als Radialkraft eingesetzt werden kann. Eine besondere Rechnung ist also nicht erforderlich.

Für $\alpha_n = 20°$ kann die Axialkraft der Tafel 15 entnommen werden.

Berechnungstafel 15. *Axialkraft P_a in % von P_u für Eingriffswinkel 20°.*

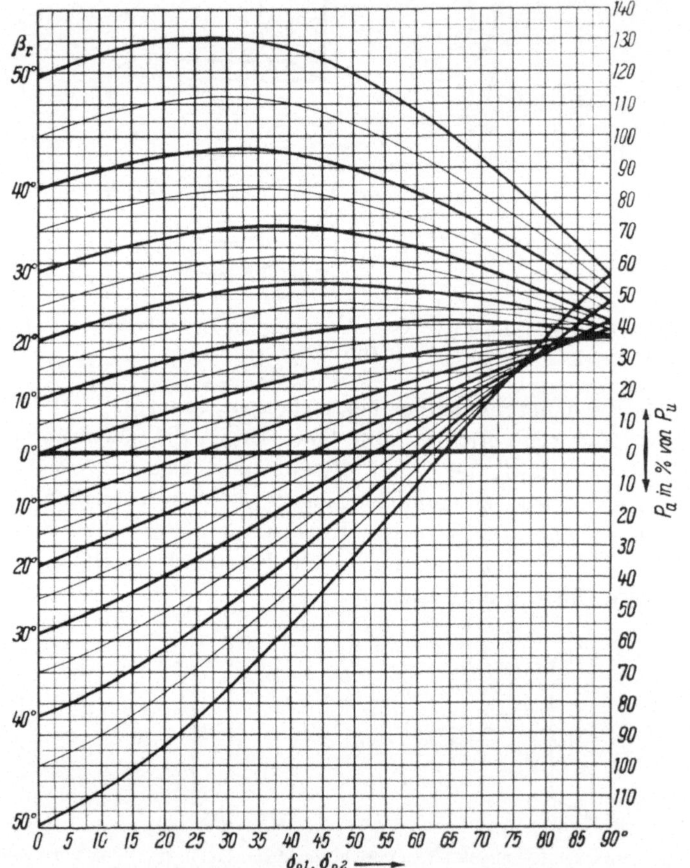

Anmerkung: Sind Drehrichtung und Spiralrichtung gleich wie in Bild 59, so gilt für das treibende Rad die obere und das getriebene Rad die untere Kurvenschar. Verlaufen Drehrichtung und Spiralrichtung entgegengesetzt, so gilt für das treibende Rad die untere und das getriebene Rad die obere Kurvenschar.

4.4 Ermittlung der Lagerbelastungen

Bei Spiralkegelrädern unterscheidet man drei äußere Kräftewirkungen:

1. die in tangentialer Richtung wirkende Umfangskraft P_u (bestimmt durch die Gleichung 112).

2. die in radialer Richtung wirkende Kraft P_r (bei Achsenwinkeln $= 90°$, bestimmt durch die Axialkraft des Gegenrades).

3. die in axialer Richtung wirkende Kraft P_a (bestimmt durch die Gleichungen 115, 116).

Die an den Spiralkegelrädern wirkenden Axialkräfte entsprechen nach Größe und Richtung unmittelbar den axialen Lagerbelastungen. Sie können deshalb ohne Zwischenrechnung eingesetzt werden. Die radiale Lagerbelastung ist aus den drei Einzelkräften zu errechnen.

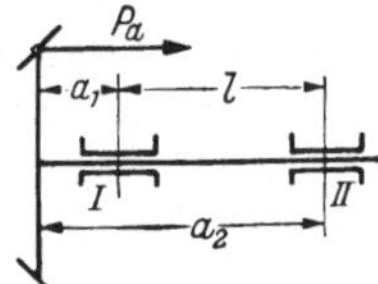

Bild 61. Fliegend gelagertes Spiralkegelrad.

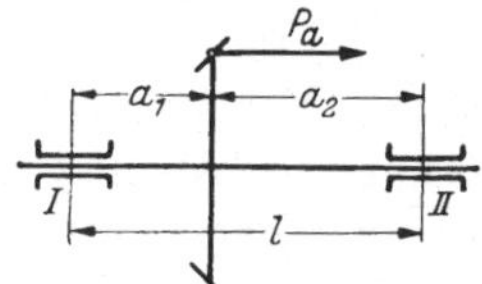

Bild 62. Spiralkegelrad zwischen zwei Lagern.

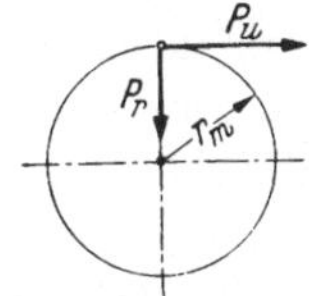

Bild 63. Seitenansicht zu den Bildern 61 und 62.

Bezeichnet man die beiden einem Kegelrad zugeordneten Lager mit I und II, so ist mit den in den Bildern 61 bis 63 eingetragenen Zeichen die *radiale* Belastung aus den einzelnen Kräften:

<table>
<tr><td>Lager I</td><td>Lager II</td></tr>
<tr><td>$P_{Ia} = P_a \cdot \dfrac{r_m}{l}\,,$</td><td>$P_{IIa} = P_a \cdot \dfrac{r_m}{l}\,,$</td></tr>
<tr><td>$P_{Ir} = P_r \cdot \dfrac{a_2}{l}\,,$</td><td>$P_{IIr} = P_r \cdot \dfrac{a_1}{l}\,,$</td></tr>
<tr><td>$P_{Iu} = P_u \cdot \dfrac{a_2}{l}\,,$</td><td>$P_{IIu} = P_u \cdot \dfrac{a_1}{l}\,.$</td></tr>
</table>

Aus diesen Einzelkräften wird die resultierende Gesamtlagerbelastung bestimmt

$$P_{I,II} = \sqrt{P_{I,IIu}^2 + (P_{I,IIr} \pm P_{I,IIa})^2}\,. \tag{118}$$

Ist die durch die Radialbelastung bestimmte Belastung des Lagers mit der aus der Hebelwirkung der Axialkraft sich ergebenden zusätzlichen Radialbelastung des Lagers gleichgerichtet, so ist in das Klammerglied das Vorzeichen $+$, und ist sie entgegengesetzt, $-$ einzusetzen. Die Richtung dieser beiden Kräfte wird zweckmäßig durch eine Zeichnung festgestellt.

Wirken auf die das Spiralkegelrad tragenden Lager noch andere Elemente, z. B. noch ein zweites Zahnrad, so sind die von diesem ausgeübten Lagerbelastungen natürlich der hier ermittelten zuzurechnen.

In vielen Fällen werden die gleichen Wälzlager durch die Spiralkegelräder sowohl in radialer als auch in axialer Richtung belastet. Dann ist mit einer ideellen Lagerbelastung i zu rechnen, für die die einzelnen Wälzlagerfabriken entsprechende Formeln angeben. Eine solche Formel lautet z. B.:

$$P_{iI,II} = x(P_{I,II} + y \cdot P_a) \, . \tag{119}$$

Darin bedeutet x eine Kennzahl für die Belastungsart und y einen Umrechnungsfaktor für die Axialkraft. Beide Kräfte sind nach Angaben der Wälzlagerfabriken zu wählen. Nachfolgend werden einige y-Werte aus einem Katalog der Vereinigten Kugellagerfabriken AG. zusammengestellt. Auch in den Druckschriften von KUGELFISCHER, Schweinfurt, finden sich diesbezügliche Hinweise. Die Zusammenstellung ist deshalb aufschlußreich, weil sie, ohne den Zahlenwerten selbst eine feste Bedeutung zu geben, $-$ diese sind nur als Richtwerte aufzufassen $-$ Aufschluß darüber gibt, wie man die Eignung der Wälzlagerarten für die Aufnahme axialer Belastungen feststellen kann.

Zusammengefaßte Werte für y

Lagerart	y
Pendelkugellager	1,5 bis 4,5
Radiaxlager	1 bis 1,5
Sachslager einreihig und zweireihig	3
Schulterkugellager	2
Zylinderrollenlager	Angabe nur nach Kenntnis der Betriebsverhältnisse möglich
Pendelrollenlager	2 bis 3
Kegelrollenlager	0,5 bis 1,2

Diese Aufstellung lehrt, daß man Pendelkugellager und Zylinderrollenlager möglichst nicht zur Aufnahme größerer axialer Belastungen heranziehen sollte. Am günstigsten sind vom Standpunkt der Tragfähigkeit die Kegelrollenlager.

5. Berechnung der Tragfähigkeit

5.1 Grundsätzliches

Bei Überanstrengung der Räder treten entweder Zahnbrüche auf, oder es macht sich eine übermäßige Abnutzung der Flanken bemerkbar. Demzufolge muß eine Nachprüfung der Tragfähigkeit unter dem Gesichtspunkt der Biegungsbeanspruchung und der Abnutzungsbeanspruchung erfolgen.

Bei einsatzgehärteten Rädern ist im Regelfalle die Tragfähigkeit durch die Biegefestigkeit begrenzt, so daß bei Berechnung nach der Lewis-Gleichung mit entsprechenden Erfahrungskoeffizienten sich eine besondere Nachrechnung auf Flächentragfähigkeit (Oberflächenpressung) erübrigt.

Von entscheidender Bedeutung für die Übertragungsfähigkeit der Räder sind die Berührungsverhältnisse ihrer Flanken, wie sie unter 2.53 dargelegt sind. Dieserhalb zieht man zweckmäßig die Erfahrungen des Entwicklungswerkes zu Rate. Besondere Bedeutung für die Bestimmung der Tragfähigkeit hat nach wie vor die Lewis-Gleichung. Auch dabei stützt man sich weitgehend auf Erfahrungswerte. Ähnliche Getriebe werden bei der Beurteilung der Tragfähigkeit zum Vergleich herangezogen.

5.2 Biegungsbeanspruchung nach der Lewis-Gleichung

Die Lewis-Gleichung geht von der Erkenntnis aus, daß die Tragfähigkeit eines Radzahnes mit der Tragfähigkeit eines von den Umrissen des Zahnes eingeschlossenen parabolischen Profils, also eines Trägers gleicher Biegefestigkeit, verglichen werden kann. Wie die Parabel in den Zahn eingezeichnet wird, läßt Bild 64 erkennen. Der Scheitel der Parabel liegt im Schnittpunkt der Wirkungslinie des Zahndruckes P_z mit der Symmetrielinie des Zahnes. Zwischen den Berührungspunkten der Parabel mit den Zahnflanken liegt der höchstbeanspruchte Querschnitt des Zahnes. Seine Breite ist S_f.

Theoretisch genau müßte als Biegungsbeanspruchung die am Zahnkopf wirkende Kraft P', nämlich $P' = P_z \cdot \cos (\alpha + \gamma)$ eingesetzt werden. In der Regel setzt man aber die Umfangskraft P_u ein, weil mit ausreichender Genauigkeit $P' = P_u = P_z \cdot \cos \alpha$ angenommen werden kann.

Bei der Ableitung der Lewis-Gleichung geht man von der Formel eines Trägers gleicher Biegungsfestigkeit aus:

$$P_u \cdot l = \frac{b \cdot S_f^2 \cdot \sigma_b}{6} \, .$$

Die Fußstärke S_f und die wirksame Zahnhöhe l kann auch in Abhängigkeit von der Teilung t angegeben werden: $S_f = \varphi \cdot t$ und $l = \psi \cdot t$.

Die vorstehende Gleichung nimmt dann die Form an: $P_u = \sigma_b \cdot b \cdot t \cdot \dfrac{\varphi^2}{6 \cdot \psi}$.

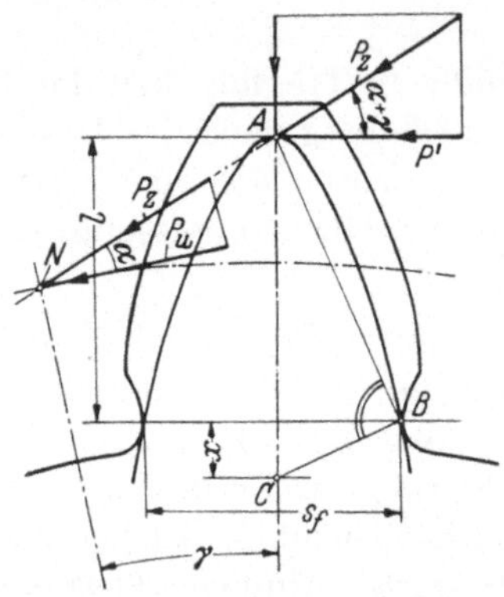

Bild 64. Vergleich eines Zahnes mit einem Träger gleicher Biegefestigkeit.

Die Werte φ und ψ können zeichnerisch ermittelt werden.

Durch den Punkt C des rechtwinkligen Dreiecks ABC, Bild 64, wird eine Strecke x bestimmt. Nach dem Höhensatz ist $S_f^2/4 = x \cdot l$. Der Bruch in der vorstehenden Gleichung bekommt dann den Wert:

$$\frac{\varphi^2}{6 \cdot \psi} = \frac{2 \cdot x}{3 \cdot t} = y \, .$$

y heißt der Zahnformfaktor. Er ist, wie die linke Seite der vorstehenden Gleichung zeigt, grundsätzlich unabhängig von der Teilung und nur von der Zahnform bestimmt.

Durch die Einführung von y erhält die ursprüngliche Gleichung dann die Form

$$P_u = \sigma_b \cdot b \cdot t \cdot y.$$

Diese Gleichung gilt für Geradzahn-Stirnräder, also für Räder, bei denen die Umfangskraft P_u senkrecht zum Zahn wirkt. Bei Spiralkegelrädern ist die senkrecht zur Längsrichtung des Zahnes wirkende, für die Biegungsbeanspruchung maßgebende Kraft $P_z = P_u/\cos \beta_m$. Es bedarf hier des Hinweises, daß mit der obigen Formel genügend Erfahrungswerte gefunden wurden, um die Sicherheit gegen Bruch beurteilen zu können, ohne Rücksicht auf die wirkliche Berührungslinie zwischen den Zahnflanken.

Eine Anpassung an Spiralkegelräder ist aber insofern notwendig, als an Stelle der Teilung t bei Spiralkegelrädern der Normalmodul m_n eingesetzt wird, und zwar ist: $m_n = t_n/\pi$. Auch bei der Bestimmung des Zahnformfaktors y bedarf es einer Anpassung an die Eigenart der Spiralkegelräder. Man rechnet hier mit dem Zahnformfaktor y_n des Normalschnittes bei R_m.

Bei der Bestimmung des Zahnformfaktors geht man von den Zähnezahlen z_1, z_2 der zu berechnenden Räder aus. Handelt es sich um die Berechnung von Stirnrädern mit geraden Zähnen, so werden die wirklichen Zähnezahlen eingesetzt. Bei den vorliegenden Rädern ist mit einer gedachten Zähnezahl z_n zu rechnen. Zur Begründung dazu kann auf Abschnitt 2.2 verwiesen werden. Wie dort gezeigt, kann die Zahnform im Stirnschnitt eines Kegelrades mit den Kegelwinkeln $\delta_{p1,2}$ und dem Halbmesser r_m mit der Zahnform eines Stirnrades a mit dem Halbmesser r'_m verglichen werden. Die Zahnform im Normalschnitt des Spiralzahnes, auf den es ja hier ankommt, wird bestimmt durch den Krümmungshalbmesser r_n. Auf einem Kreis mit diesem Halbmesser sind mehr Zähne anzuordnen als auf dem Kreis vom Halbmesser r_m des Kegelrades. Abhängig ist diese Zähnezahl z_n von dem Spiralwinkel β_m und dem Kegelwinkel $\delta_{o1,2}$.

Sie ist

$$z_n = \frac{z_{1,2}}{\cos^3 \beta_m \cdot \cos \delta_{o1,2}}.$$

In dem bisher besprochenen Aufbau der Lewis-Gleichung wird auf die Umfangsgeschwindigkeit v der Räder keine Rücksicht genommen. Sie wird durch Einführung eines Geschwindigkeitsfaktors f_v berücksichtigt. Zu dessen Bestimmung liegen im Schrifttum verschiedene Vorschläge vor, z. B.:

1. Nach RÖTSCHER
$$f_v = \frac{10}{10 + v}.$$

2. Nach BUCKINGHAM/OHLA amerikanischer Wert für sehr genaue Räder
$$f_v = \frac{6}{6 + v}.$$

3. Nach DALCHAU
$$f_v = 1 - {}^1/_6 \cdot \sqrt{v}.$$

4. Für handelsübliche Räder
$$f_v = \frac{3}{3 + v}.$$

5. Für genaue Räder mit Geschwindigkeiten größer als 20 m/s
$$f_v = \frac{5{,}5}{5{,}5 + \sqrt{v}}.$$

6. Für Klingelnberg-Räder rechnet man

für $v < 10$ m/s
$$f_v = \frac{6}{6 + v}$$

über 10 m/s
$$f_v = \frac{10}{10 + v}$$

über 20 m/s
$$f_v = \frac{10}{10 + \sqrt{v}}.$$

Außerdem ist in der Lewis-Gleichung noch ein Sicherheitsfaktor S_b einzusetzen. Er wird nach den jeweiligen Belastungsfällen bestimmt. Auch in den günstigsten Fällen muß er größer als 1 sein. Anstatt einen festen Sicherheitsfaktor einzusetzen, erweist es sich vielfach als zweckmäßig, ohne Berücksichtigung einer Sicherheit die Bruchbelastung P_{bB} zu errechnen und dann festzustellen, ob die vorhandene Sicherheit

$S_b = \dfrac{P_{bB}}{P_u}$ ausreicht.

Die vorstehenden Ableitungen zusammenfassend, berechnet sich die Bruchbelastung nach der Lewis-Gleichung:

$$P_{bB} = \sigma_B \cdot \frac{6}{6 + v} \cdot m_n \cdot \pi \cdot b \cdot y \ (\text{kp}) \tag{120}$$

darin bedeuten

$\sigma_B \qquad$ = statische Bruchfestigkeit in kp/cm^2,

$v \qquad$ = Umfangsgeschwindigkeit in m/s am mittleren Teilkreisdurchmesser, errechnet nach der Gleichung

$$v = \frac{d_{m1} \cdot \pi \cdot n_1}{60} \ \text{m/s} \tag{121}$$

(d_{m1} in Meter einsetzen)

$\dfrac{6}{6 + v} \qquad$ = Geschwindigkeitsfaktor

$m_n \qquad$ = Normalmodul in cm

$b \qquad$ = Zahnbreite in cm

$z_n \qquad$ = ideelle Zähnezahl des kleineren Rades; errechnet aus der Gleichung

$$z_n = \frac{z_1}{\cos^3 \beta_m \cdot \cos \delta_{o1}} \tag{122}$$

$\beta_m \qquad$ = mittlerer Spiralwinkel

$$\cos \beta_m = \frac{\varrho}{R_a - 0{,}5 \cdot b} \tag{123}$$

$\delta_{o1} \qquad$ = Kegelwinkel des kleineren Rades

$y \qquad$ = Zahnformfaktor, abhängig von der ideellen Zähnezahl z_n des kleineren Rades und der Zahnform, Tafel 17.

Berechnungstafel 16. *Festigkeiten häufig benutzter Zahnradbaustoffe.*

Werkstoff	Normbe-zeichnung	Zug-festigkeit σ_z kp/cm²	Brinellhärte kp/mm²	Dauerbiege-wechsel-festigkeit σ_D kp/cm²	Bemerkungen
Gußeisen	GG 14	1400	140—160	700	Die statischen Biegefestigkeiten liegen bei GG etwa doppelt so hoch wie die jeweilige Zugfestigkeit.
	GG 18	1800	160—180	900	
	GG 22	2200	180—200	1100	
	GG 26	2600	200—220	1300	
Gußeisen mit Stahlzusatz	—	3000—4000	—	1500—2000	Stahlzusatz bis 60%
Stahlguß	GS 38	3800	140	1200	
	GS 45	4500	160	1900	
	GS 52	5200	190	2000	
Maschinenbaustahl unlegiert	St 42	4200—5000	150—180	2100	
	St 50	5000—6000	180—220	2600	
	St 60	6000—7000	220—250	3000	
Einsatzstahl unlegiert	C 10	4200—5200	Ölhärtung 400	3000	Die Werte entsprechen der Kernfestig-keit
	C 15	5000—6500	Wasserhärtung 600		
Vergütungsstahl unlegiert	C 35	6000—7200	250—400	2600	
	C 45	6500—8000		3000	
Nickel- und Chromnickel-Einsatzstahl	14 Ni 6	6000—8000	600	3500—4000	Die Werte sind Mindestwerte, durch Veränderung der Wärmebehandlung lassen sich höhere Zugfestigkeiten er-zielen.
	14 NiCr 14	9000—12000	600—620	4000—5500	
	14 NiCr 18	12000—14000	600—650	5500	
Chromnickel-Vergütungsstahl	36 NiCr 6	7500—8500		3500—4000	
	36 NiCr 10	8000—9500		4000—5000	
	31 NiCr 14	9000—10500	400—500	4500—6000	
	35 NiCr 18	10000—11500		5000	
Phosphorbronzen	—	3000—4400			Für diese Nichteisenmetalle besteht noch keine genü-gende Anzahl zuverlässiger Messungen der Dauerfestig-keit. Bis auf weiteres ist zu empfehlen, σ_D nicht größer als 30% von σ_z zu wählen.
Stahlbronze	—	4700—5700			
Sonderbronze	—	—8800	—		
Deltametalle	—	3500—6000			

Im Regelsfall geht man in Tafel 17 von dem Profilverschiebungsfaktor auf Zahn-

mitte aus. Es ist $x_m = \dfrac{h_{k1} + h_{\omega km} - m_n}{m_n}$ wobei; $h_{\omega km} = \tan \omega_k \cdot \dfrac{b}{2} \cdot$ Winkel ω_k

nach Tafel 3.

Die Klingelnberg-Werknorm 3025 empfiehlt für σ_B folgende Werte:
Die Bruchfestigkeit σ_B in kp/cm² beträgt für 16 MnCr 5 12 000 kp/cm².
Die statische Bruchfestigkeit eines anderen Stahlwerkstoffes steht dazu
im gleichen Verhältnis wie ihre Brinellhärten.

Die Bruchsicherheit wird ermittelt aus

$$S_b = \frac{P_{bB}}{P_u}. \tag{124}$$

Berechnungstafel 17. *Zahnformfaktor y zur Lewis-Gleichung in Abhängigkeit von x und*
z_n für $\alpha_n = 20°$.

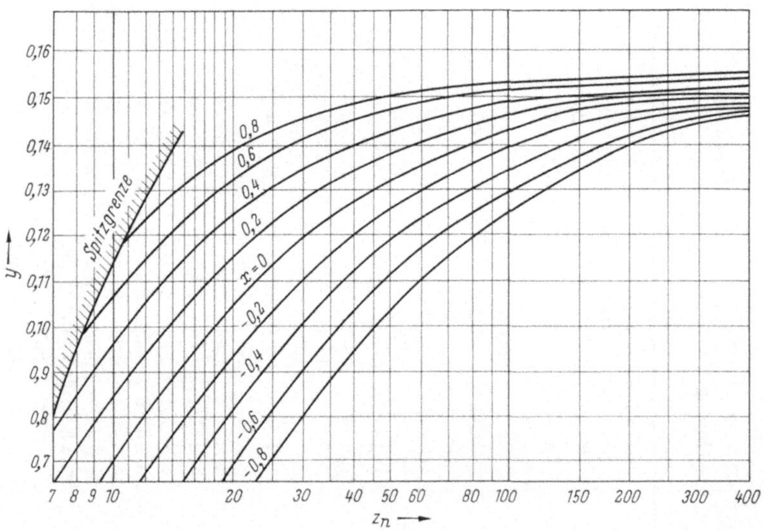

Diese Sicherheit wird dann verglichen mit den Sicherheitswerten
bewährter Räder aus möglichst gleichartigen Belastungsverhältnissen,
wobei besonders Stöße und Massenkräfte zu beachten sind.

Diese Sicherheit sollte nicht unter den nachfolgenden Werten liegen:

für leichte Lastwagen mit Kardanwelle im 1. Gang	1,1 bis 1,3
für Blockgetriebe ohne Kardanwelle im 1. Gang	1,6 bis 1,8
für Ackerschlepper 1. oder 2. Gang	2,5 bis 4
für Planierraupen 1. Gang	3 bis 4
für ortsfeste Getriebe	3 bis 5

6. Berechnungsbeispiele

6.1 Kegelräder mit Palloid-Verzahnung

Es ist ein Kegelradpaar mit einem Achsenwinkel $\delta_A = 90°$ für eine Werkzeugmaschine auszulegen. Die Ritzeldrehzahl n_1 beträgt 1000 U/min bei einer Leistung von $N = 15$ PS. Die Übersetzung $i = 4$ soll genau eingehalten werden. Der Teilkreisdurchmesser des Rades ist nach der Konstruktion mit 180 mm, die Zahnbreite mit 24 mm angenommen.

6.11 Überschlägliche Berechnung der Planraddaten

Bezeichnung	Formel Nr.	Formel, Tafel	Ergebnis
Zähnezahl	(28)	$i = \dfrac{z_2}{z_1}$	$z_1 = 10$ $z_2 = 40$
Hilfswert		u nach Tafel 4[1]	$u = 0,51$
Äußere Teilkegellänge	(32)	$R_a = d_{02} \cdot u$	$R_a = 92$
Zahnbreite	Tafel 5	$b \approx \dfrac{R_a}{3,5 - 5}$	$b \approx 19 - 26$ Nach Konstr. $= 24$
Normalmodul	Tafel 5	$m_n \approx \dfrac{b}{7 - 8}$	$m_n = 3 - 3,4$ gew. $= 3$
Normal-Teilkreis-Halbmesser	(35)	$\varrho = m_n \cdot z_2 \cdot u$	$\varrho = 61,5$
Innere Teilkegellänge	(37)	$R_i = R_a - b$	$R_i = 68$

[1] dazu vorher δ_{02} nach Formel 28 und δ_{p2} nach Formel 29 bestimmen.

6.12 Prüfung der Fräserlänge im Planrad

Nach Tafel 6 wird ein Fräser Modul 3 der zweiten Normreihe, nämlich $d_k = 39$, $S_F = 48$ gewählt. Eine Prüfung nach den Richtlinien des Abschnittes 2.33 bestätigt die Brauchbarkeit des ausgewählten Fräsers.

6.13 Genaue Berechnung der Planraddaten

Bezeichnung	Formel Nr.	Formel, Tafel	Ergebnis
Teilkegelwinkel	(28)	$\tan \delta_{o2} = i$	$\delta_{o2} = 76°$
Winkelkorrektur ω_k		nach Tafel 3	$1°30'$
Erzeugungskegelwinkel	(29)	$\delta_{p2} = \delta_{o2} + \omega_k$	$77°30'$
Erzeugungskegelwinkel	(30)	$\delta_{p1} = 90° - \delta_{p2}$	$\delta_{p1} = 12°30'$
Hilfswert u		nach Tafel 4	$u = 0{,}512\,138$
Äußere Teilkegellänge	(32)	$R_a = d_{o2} \cdot u$	$R_a = 92{,}18$
Planradzähnezahl	(34)	$z_p = 2 \cdot z_2 \cdot u$	$z_p = 40{,}9710$
Normalmodul		Tafel 5	$m_n = 3$
Normalteilkreis-halbmesser	(35)	$\varrho = m_n \cdot z_2 \cdot u$	$\varrho = 61{,}46$
Innere Teilkegellänge	(37)	$R_i = R_a - b$	$R_i = 68{,}18$
Stirnmodul	(38)	$m_s = \dfrac{d_{o2}}{z_2}$	$m_s = 4{,}5$
Teilkreisdurchmesser des Ritzels	(39)	$d_{o1} = z_1 \cdot m_s$	$d_{o1} = 45$
Eingriffswinkel		Tafel 5	$\alpha_n = 20°$
Profilverschiebung $(1 + x)$		Tafel 7	$1{,}2$
Zahnkopfhöhe des Ritzels	(41)	$h_{k1} = (1 + x) \cdot m_n$	$h_{k1} = 3{,}6$
Zahnkopfhöhe des Tellerrades	(42)	$h_{k2} = 2 \cdot m_n - h_{k1}$	$h_{k2} = 2{,}4$

6.14 Drehmaße

Bezeichnung	Formel Nr.	Formel, Tafel	Ergebnis
hierzu Bild 39	(43)	$a_1 = b \cdot \cos \delta_{p1}$	$a_1 = 23,43$
hierzu Bild 39	(44)	$k_1 = h_{k1} \cdot \cos \delta_{p1}$	$k_1 = 3,51$
hierzu Bild 39	(48)	$c_2 = h_{k2} \cdot \cos \delta_{p1}$	$c_2 = 2,34$
hierzu Bild 39	(45)	$a_2 = b \cdot \sin \delta_{p1}$	$a_2 = 5,19$
hierzu Bild 39	(46)	$k_2 = h_{k2} \cdot \sin \delta_{p1}$	$k_2 = 0,52$
hierzu Bild 39	(47)	$c_1 = h_{k1} \cdot \sin \delta_{p1}$	$c_1 = 0,78$
hierzu Bild 39	(49)	$d_{ka1} = d_{o1} + 2\,k_1$	$d_{ka1} = 52,02$
hierzu Bild 39	(51)	$d_{ki1} = d_{ka1} - 2\,a_2$	$d_{ki1} = 41,64$
hierzu Bild 39	(50)	$d_{ka2} = d_{o2} + 2\,k_2$	$d_{ka2} = 181,04$
hierzu Bild 39	(52)	$d_{ki2} = d_{ka2} - 2\,a_1$	$d_{ki2} = 134,18$
hierzu Bild 39	(53)	$w_1 = \dfrac{d_{o2}}{2} - (c_1 + a_1)$	$w_1 = 65,79$
hierzu Bild 39	(54)	$w_2 = \dfrac{d_{o1}}{2} - (c_2 + a_2)$	$w_2 = 14,97$

6.15 Prüfung der Überdeckung

erfolgt zeichnerisch nach den Anweisungen der Abschnitte 2.2 und 2.53.

6.16 Berechnung der äußeren Kräfte
6.161 Umfangskraft P_u

Bezeichnung	Formel Nr.	Formel, Tafel	Ergebnis
Drehmoment	(111)	$M_t = \dfrac{716 \cdot N}{n_1}$	$M_t = 10,74 \text{ kpm}$
Durchmesser an der mittleren Teilkegellänge	(113)	$d_{m1} = d_{o1} - b \cdot \sin \delta_{p1}$	$d_{m1} = 39,81$
Umfangskraft aus dem Motordrehmoment	(112)	$P_{uM} = \dfrac{M_t \cdot 2000}{d_{m1}}$	$P_{uM} = 539 \text{ kp}$

6.162 Axialkraft. Das kleinere Rad wird als treibend angenommen und hat Linksspirale.

Bezeichnung	Formel Nr.	Formel, Tafel	Ergebnis
Spiralwinkel	(117)	$\cos \beta_r = \dfrac{\varrho}{R_a - 0{,}6\,b}$	$\beta_r = 37°50'$

Nach Tafel 15 und den Regeln zu Bild 59 beträgt die Axialkraft

für das Ritzel bei Drehrichtung links　$P_{a1} = +\ 458$ kp
für das Ritzel bei Drehrichtung rechts　$P_{a1} = -\ 356$ kp
für das Rad　bei Drehrichtung links　$P_{a2} = +\ 151$ kp
für das Rad　bei Drehrichtung rechts　$P_{a2} = +\ 334$ kp

Die Bestimmung der Radialkräfte ergibt sich ohne Umrechnungen nach der im Text gegebenen Regel, nach der die Radialkraft des einen Rades gleich ist der Axialkraft des Gegenrades.

6.17 Tragfähigkeit

Als Werkstoff wird für Ritzel und Rad 16 MnCr 5 einsatzgehärtet angenommen.

Bezeichnung	Formel Nr.	Formel, Tafel	Ergebnis
Umfangsgeschwindigkeit	(121)	$v = \dfrac{d_{m1} \cdot \pi \cdot n_1}{60}$	2,08 m/s
statische Bruchfestigkeit		Tafel 16, Anhang	$\sigma_B = 12\,000$ kp/cm²
ideelle Zähnezahl	(122)	$z_n = \dfrac{z_1}{\cos^3 \beta_m \cdot \cos \delta_{o1}}$	21
Zahnformfaktor y		Tafel 17	0,123
Biegungsbeanspruchung	(120)	$P_{bB} = \sigma_B \cdot \dfrac{6}{6 + v} \cdot$ $\cdot m_n \cdot \pi \cdot b \cdot y$	2478 kp
Bruchsicherheit	(124)	$S_b = \dfrac{P_{bB}}{P_u}$	4,6

Nach den Erläuterungen im Text soll die Bruchsicherheit für ortsfeste Radpaare 3 bis 5 betragen, ist also ausreichend.

6.2 Kegelräder mit Zyklo-Palloid-Verzahnung

Es ist ein stationäres Radpaar aus vergütetem Werkstoff zu berechnen. Die folgenden Werte ergeben sich aus der Konstruktion oder werden, wie die Spiralwinkel, angestrebt:

Teilkreisdurchmesser	d_{o2}	$= 640$
Achsenwinkel	δ_A	$= 90°$
Übersetzungsverhältnis	i	$= 2,6$
Zahnbreite	b	$= 100$
mittlerer Spiralwinkel	β_m	$= 30°$
Eingriffswinkel	α_n	$= 20°$
Zahnform	Zf	$= I$
Ritzeldrehzahl (U/min)	n_1	$= 750$
Leistung (PS)	N	$= 210$

6.21 Gewählte und überschläglich bestimmte Werte

Bezeichnung	Formel Nr.	Formel, Tafel	Ergebnis
Normalmodul m_n	(77)	$m_n = 8 \leqq b/m_n \leqq 10$	m_n zwischen $\dfrac{100}{8}$ u. $\dfrac{100}{10}$ gewählt $m_n = 11,5$
Ungefährer mittlerer Stirnmodul m_s	(27)	$m_s = \dfrac{m_n}{\cos \beta_m}$	13,4
Vorläufiger Teilkegelwinkel δ_{o2}	(28)	$\tan \delta_{o2} = i$	$69°$
vorl. Zähnezahl des Rades z_2		$z_2 = d_{o2m}/m_s$	41 gewählt 42
Zähnezahl des Ritzels z_1		$z_1 = z_2/i$	16

Die Zähnezahlen der Räder sollen möglichst nicht durch die Gangzahl des für das Verzahnen vorgesehenen Messerkopfes teilbar sein. Diese Bedingung erfüllt aus Tafel 9 der Messerkopf; $m_n = 7$ bis 13, $r_w = 170$ und 210, $z_w = 5$.

6 Krumme, Spiralkegelräder 3. Aufl.

6.22 Genaue Berechnung der Hauptwerte

Bezeichnung	Formel Nr.	Formel, Tafel	Ergebnis
Übersetzungs-verhältnis i	(28)	$i = \dfrac{z_2}{z_1}$	$i = 2{,}625$
Teilkegelwinkel δ_{o2}	(28)	$\tan \delta_{o2} = i$	$\delta_{o2} = 69{,}15°$
Teilkegelwinkel δ_{o1}	(56)	$\delta_{o1} = \delta_A - \delta_{o2}$	$\delta_{o1} = 20{,}85°$
Äußere Teilkegellänge R_a	(32)	$R_a = \dfrac{d_{o2}}{2 \sin \delta_{o2}}$	$R_a = 342{,}43$
mittlerer Spiral-winkel β_m		$\cos \beta_m = \dfrac{z_2 \cdot m_n}{d_{o2} - b \cdot \sin \delta_{o2}}$	$\beta_m = 27{,}90°$
Nennmodul m_{nN}		Anweisung s. Abschn. 2.45	$m_{nN} = 12$

In den Arbeitsunterlagen der einzelnen Maschinentypen wird nachgeschlagen, ob das gewählte Zahnbreitenverhältnis $R_a/6$ mit der gewählten Messergröße geschnitten werden kann.

Nach den Regeln des Abschnittes 2.44 wird geprüft, ob das zu verzahnende Radpaar im Arbeitsbereich des Messerkopfes und der Maschine liegt.

6.23 Die restlichen Hauptwerte der Auslegung

Bezeichnung	Formel Nr.	Formel, Tafel	Ergebnis
Mittlere Teilkegellänge R_m		$R_m = R_a - 0{,}5\,b$	$R_m = 292{,}43$
Innere Teilkegellänge R_i	(37)	$R_i = R_a - b$	$R_i = 242{,}43$
Planradzähnezahl z_p	(78)	$z_p = \dfrac{z_2}{\sin \delta_{02}}$	$z_p = 44{,}9440$
Stirnmodul auf der äußeren Teilkegellänge m_{sa}	(38)	$m_{sa} = \dfrac{d_{02}}{z_2}$	$m_{sa} = 15{,}2381$
Teilkreisdurchmesser des Ritzels		$d_{01} = \dfrac{d_{02}}{i}$	$d_{01} = 243{,}81$
Messerkopf-Gangzahl z_w		Nach Anmerkung zu Abschn. 6.21	$z_w = 5$
Flugkreisradius r_w		Nach Anmerkung zu Abschn. 6.21	$r_w = 170$
Messersteigungswinkel ν	(16)	$\sin \nu = \dfrac{m_n \cdot z_w}{2 \cdot r_w}$	$\nu = 9{,}74°$
Maschinendistanz Md	(21)	$Md = \sqrt{R_m^2 + r_w{}^2 - 2\,R_m \cdot r_w \cdot \sin(\beta_m - \nu)}$	$Md = 288{,}82$
Grundkreisradius ϱ	(17)	$\varrho = \dfrac{Md}{1 + \dfrac{z_w}{z_p}}$	$\varrho = 259{,}90$

6.24 Profilverschiebung

Bezeichnung	Formel Nr.	Formel, Tafel	Ergebnis
Hilfswinkel ψ_i	(82)	$\cos\psi_i = \dfrac{R_i^2 + Md^2 - r_w^2}{2\,R_i\,Md}$	$\psi_i = 36{,}00°$
Innerer Spiralweg β_i	(81)	$\tan\beta_i = \dfrac{R_i - \varrho\cdot\cos\psi_i}{\varrho\cdot\sin\psi_i}$	$\beta_i = 11{,}89°$
Ergänzungszähnezahl am Innendurchm. des Ritzels Z_{ni1}	(80)	$z_{ni1} = \dfrac{z_1}{\cos\delta_{o1}\cdot\cos^3\beta_i}$	$z_{ni1} = 18{,}3$
Normalmodul am Innendurchmesser m_{ni}	(83)	$m_{ni} = \dfrac{\cos\beta_i\,(d_{o1} - 2\,b\sin\delta_{o1})}{z_1}$	$m_{ni} = 10{,}56$
Profilverschiebungs- faktor x_1	(79)	$x_1 = 1{,}1 - \dfrac{\sin^2\alpha_n\cdot z_{ni1}\cdot m_{ni}}{2\,m_n}$	$x_1 = 0{,}12$

6.25 Zahnhöhen

Bezeichnung	Formel Nr.	Formel, Tafel	Ergebnis
Zahnkopfhöhe des Ritzels h_{k1}	(85)	$h_{k1} = m_n(1 + x_1)$	$h_{k1} = 12{,}88$
Zahnkopfhöhe des Rades h_{k2}	(85)	$h_{k2} = m_n(1 - x_1)$	$h_{k2} = 10{,}12$
Gesamte Zahnhöhe h_g		$h_g = 2{,}25\,m_n$	$h_g = 25{,}88$
Zahnfußhöhe des Ritzels h_{f1}		$h_{f1} = h_g - h_{k1}$	$h_{f1} = 12{,}00$
Zahnfußhöhe des Rades h_{f2}		$h_{f2} = h_g - h_{k2}$	$h_{f2} = 15{,}76$

Untersuchungen der Profile und der Überdeckung erfolgen zeichnerisch, wie in dem Berechnungsbeispiel 6.1.

6.26 Drehmaße

Bezeichnung	Formel Nr.	Formel, Tafel	Ergebnis
hierzu Bild 39	(43)	$a_1 = b \cdot \cos \delta_{o1}$	$a_1 = 93{,}45$
hierzu Bild 39	(44)	$k_1 = h_{k1} \cdot \cos \delta_{o1}$	$k_1 = 12{,}04$
hierzu Bild 39	(48)	$c_2 = h_{k2} \cdot \cos \delta_{o1}$	$c_2 = 9{,}46$
hierzu Bild 39	(45)	$a_2 = b \cdot \sin \delta_{o1}$	$a_2 = 35{,}60$
hierzu Bild 39	(46)	$k_2 = h_{k2} \cdot \sin \delta_{o1}$	$k_2 = 3{,}60$
hierzu Bild 39	(47)	$c_1 = h_{k1} \cdot \sin \delta_{o1}$	$c_1 = 4{,}58$
hierzu Bild 39	(49)	$d_{ka1} = d_{o1} + 2k_1$	$d_{ka1} = 267{,}89$
hierzu Bild 39	(51)	$d_{ki1} = d_{ka1} - 2a_2$	$d_{ki1} = 196{,}69$
hierzu Bild 39	(50)	$d_{ka2} = d_{o2} + 2k_2$	$d_{ka2} = 647{,}20$
hierzu Bild 39	(52)	$d_{ki2} = d_{ka2} - 2a_1$	$d_{ki2} = 460{,}30$
hierzu Bild 39	(53)	$w_1 = \dfrac{d_{o2}}{2} - (c_1 + a_1)$	$w_1 = 221{,}97$
hierzu Bild 39	(54)	$w_2 = \dfrac{d_{o1}}{2} - (c_2 + a_2)$	$w_2 = 76{,}85$

6.27 Berechnung der äußeren Kräfte

6.271 Umfangskraft P_u, Axialkraft P_a und Radialkraft P_r

Bezeichnung	Formel Nr.	Formel, Tafel	Ergebnis
Drehmoment M_t	(111)	$M_t = \dfrac{716 \cdot N}{n_1}$	$M_t = 200{,}48$ kpm
mittlerer Durchmesser des Ritzels d_{m1}	(113)	$d_{m1} = d_{o1} - b \sin \delta_{o1}$	$d_{m1} = 208{,}21$
Umfangskraft P_u	(112)	$P_u = \dfrac{M_t \cdot 2000}{d_{m1}}$	$P_u = 1926$ kp
Axialkraft des Ritzels P_{a1}	(115)	$P_{a1} = P_u \left(\tan \alpha_n \dfrac{\sin \delta_{o1}}{\cos \beta_m} \pm \right.$ $\left. \pm \tan \beta_m \cdot \cos \delta_{o1} \right)$	$P_{a1} = 282 \pm 953\,$kp
Axialkraft des Rades P_{a2}	(116)	$P_{a2} = P_u \left(\tan \alpha_n \dfrac{\sin \delta_{o2}}{\cos \beta_m} \pm \right.$ $\left. \pm \tan \beta_m \cdot \cos \delta_{o2} \right)$	$P_{a2} = 741 \mp 363\,$kp
Radialkraft des Ritzels P_{r1}		$P_{r1} = P_{a2}$	$P_{r1} = 741 \mp 363\,$kp
Radialkraft des Rades P_{r2}		$P_{r2} = P_{a1}$	$P_{r2} = 282 \pm 953\,$kp

6.28 Tragfähigkeit

Bezeichnung	Formel Nr.	Formel, Tafel	Ergebnis
Umfangsgeschwindigkeit v	(121)	$v = \dfrac{d_{m1} \cdot \pi \cdot n_1}{60}$	$v = 8{,}17 \text{ m/s}$
statische Bruchfestigkeit σ_B		Tafel 16	$\sigma_B = 4750 \text{ kp}$
Geschwindigkeitsfaktor		$\dfrac{6}{6+v}$	0,423
Ideelle Zähnezahl z_{n1}	(122)	$z_{n1} = \dfrac{z_1}{\cos^3 \beta_m \cdot \cos \delta_{o1}}$	$z_n = 25$
y Faktor für das Ritzel		Tafel 17[1]	$y_1 = 0{,}118$
Biegebeanspruchung P_{bB}	(120)	$P_{bB} = \sigma_B \cdot \dfrac{6}{b+v} \cdot m_n \cdot \pi \cdot b \cdot y$	$P_{bB} = 8562 \text{ kp}$
Sicherheit S_B	(124)	$S_b = \dfrac{P_{bB}}{P_u}$	$S_b = 4{,}4$

[1] Zwischen den Zahlenwerten der y Faktoren für Palloid- und Zyklo-Palloidverzahnung bestehen geringe Unterschiede, praktisch kann aber ausreichend genau auch hier die für Palloid-Verzahnung bestimmte Tafel 17 benutzt werden.

6.3 AVAU-Palloid-Räder mit Achsenwinkel $\delta_A = 90°$

Gegeben: Teilkreisdurchmesser $d_{o2} = 200$ mm, Achsversetzung $v = 23$ mm, Übersetzung $i = 4{,}1$.

6.31 Überschlagsrechnung

Nach Tafel 10 vorl. Achsversetzungswinkel für $v/d_{o2} = 23/200 = 0{,}115$ $\zeta_{m\,\text{vorl}} = 13°55'$, dazu die vorl. Zahnbreite b_2 nach Tafel 11 $b_{2\,\text{vorl}} = 0{,}16 \cdot d_{o2} = 0{,}16 \cdot 200 = 32$. Den vorl. Normalmodul findet man nach Tafel 14 $m_{n\,\text{vorl}} = \dfrac{b}{8{,}1} = \sim 4$. Nach Tafel 12 wird ein Hilfswert, der Ritzelfaktor F bestimmt. Er ist 1,345. Und endlich findet man nach Tafel 13 den vorläufigen Tellerradkegelwinkel δ_{o2}, für die gegebenen Werte $67°45'$. Ausgehend vom gegebenen Teilkreisdurchmesser ($= 200$) und dem angenommenen Normalmodul ($= 4$), kann man die Zähnezahl z_2 des Tellerrades vorläufig überschlagen, wenn man entsprechend einem mittleren Spiralwinkel, z. B. $40°$, den Stirnmodul m_s ($m_s = m_n/\cos\beta$) annimmt und rechnet $z_2 = d_{o2}/m_s$. Hier sei nach diesen Überlegungen $z_2 = 41$ angenommen. Mit dem vorgeschriebenen i wird dann $z_{1\,\text{vorl}} = 10$.

Man rechnet dann weiter, $z_p = \dfrac{z_2}{\sin\delta_{o2}} = 44{,}4$, $\varrho = \dfrac{z_p \cdot m_n}{2} = 88{,}8$,

$R_{a2} = \dfrac{z_p \cdot d_{o2}}{2 \cdot z_2} = 108{,}2$ und $R_{i2} = R_{a2} - b_2 = 76{,}2$.

Nunmehr erfolgt die Kontrolle des Fräsers im Planrad, so wie sie im Abschnitt 2.33 beschrieben wurde. Es sei angenommen, daß nach dem Kontrollergebnis der kleine Durchmesser des vorgesehenen Fräsers sich als zu groß ergibt. Deshalb werden die Zähnezahlen von $10:41$ in $9:37$ und der Modul von 4 in 3,5 geändert. z_p wird dann $40{,}0$ und $\varrho = 70{,}0$.

6.32 Errechnung der Hauptabmessungen

Wie im Text angegeben, muß die Rechnung in der Regel einige Male wiederholt werden, zunächst wird mit den Tafelwerten gerechnet, dann mit den sich aus der ersten Rechnung ergebenden Werten. Die Rechnung kann abgeschlossen werden, wenn R_1 und R_2 nicht mehr als 1% voneinander abweichen. Ist R_2 größer muß man δ_{o2} kleiner wählen und umgekehrt.

Formel	Formel Nr.	Kurzzeichen	Rechnungsgang		
			1) mit Tafelwerten	2) mit korr. Werten	3) Endgültig
		F	1,345	1,339	1,340
		δ_{o2}	$67°45'$	$67°10'$	$67°30'$
		$\sin\delta_{o2}$	0,925 54	0,921 64	0,923 88
		$\tan\delta_{o2}$	2,444 33	2,375 04	2,414 21
		$\cos\delta_{o2}$	0,378 65	0,388 05	0,382 68
		$\cos\eta$	0,995	0,995 28	0,995 06
$r_{m2} = 0{,}5 \cdot (d_{o2} - b_2 \cdot \sin\delta_{o2})$	(86)	r_{m2}	85,191	85,254	85,218
$r_{m1\,\text{vorl.}} = \dfrac{F \cdot r_{m2}}{i}$	(87)	r_{m1} vorl.	27,871	27,768	27,777
$w = r_{m2} \cdot \tan\delta_{o2}$	(88)	w	208,235	202,482	205,734

Formel	Formel Nr.	Kurz-zeichen	Rechnungsgang		
			1) mit Tafel-werten	2) mit korr. Werten	3) Endgültig
$\tan \eta = \dfrac{v}{w + r_{m1} \cdot \cos \eta}$	(88a)	$\tan \eta$	0,097 47	0,099 95	0,098 55
		η	5°34′	5°42′	5°38′
		$\cos \eta$	0,995 28	0,995 06	0,995 17
$\sin \zeta_m = \dfrac{w \cdot \tan \eta}{r_{m2}}$	(89)	$\sin \zeta_m$	0,238 25	0,237 39	0,237 92
		ζ_m	13°47′	13°44′	13°46′
		$\cos \zeta_m$	0,971 20	0,971 41	0,971 27
		$\tan \zeta_m$	0,245 32	0,244 39	0,245 01
$\tan \zeta_m' = \dfrac{\tan \zeta_m}{\sin \delta_{o2}} \cdot$	(90)	$\tan \zeta_m'$	0,265 06	0,265 17	0,265 20
		ζ_m'	14°51′	14°51′	14°51′
		$\sin \zeta_m'$	0,256 29	0,256 29	0,256 29
		$\cos \zeta_m'$	0,966 60	0,966 60	0,966 60
$\sin \delta_{o1} = \cos \zeta_m \cdot \cos \delta_{o2}$	(91)	$\sin \delta_{o1}$	0,367 74	0,376 96	0,371 69
		δ_{o1}	21°35′	22° 9′	21°49′
		$\cos \delta_{o1}$	0,929 88	0,926 20	0,928 38
$R_m = \dfrac{r_{m2}}{\sin \delta_{o2}}$	(92)	R_m	92,045	92,502	92,239
$z_p = \dfrac{z_2}{\sin \delta_{o2}}$	(93)	z_p	39,976 7	40,145 8	40,048 5
$\varrho = \dfrac{z_p \cdot m_n}{2}$	(94)	ϱ	69,959	70,255	70,085
$\cos \varphi_2 = \dfrac{\varrho - m_n}{R_m}$	(97)	$\cos \varphi_2$	0,722 03	0,721 66	0,721 87
		φ_2	43°47′	43°48′	43°47′
		$\sin \varphi_2$	0,691 93	0,692 14	0,691 93
$\tan \psi = \dfrac{m_n}{R_m \cdot \sin \varphi_2}$	(98)	$\tan \psi$	0,054 95	0,054 67	0,054 84
		ψ	3° 9′	3° 8′	3° 8′
$\beta_{m2} = \varphi_2 - \psi$	(99)	β_{m2}	40°38′	40°40′	40°39′
		$\cos \beta_{m2}$	0,758 89	0,758 51	0,758 70
$\beta_{m1} = \beta_{m2} \pm \zeta_m'$ $+$ = positive Achs-versetzung	(100)	β_{m1}	55°29′	55°31′	55°30′
		$\cos \beta_{m1}$	0,566 65	0,566 17	0,566 41

Formel	Formel Nr.	Kurz-zeichen	Rechnungsgang		
			1) mit Tafel-werten	2) mit korr. Werten	3) Endgültig
$\varphi_1 = \beta_{m1} + \psi$	(97)	φ_1	$58°38'$	$58°39'$	$58°38'$
		$\sin \varphi_1$	0,853 85	0,854 01	0,853 85
$F_{korr} = \cos \beta_{m2}/\cos \beta_{m1}$	(101)	F_{korr}	1,339	1,340	1,339
$r_{m1korr} = F_{korr} \cdot r_{m2}/i$	(102)	r_{m1korr}	27,747	27,788	27,756
$R_2 = R_m \cdot \sin \varphi_2$	(103)	R_2	63,69	64,024	63,823
$R_1 = \dfrac{r_{m1korr} \cdot \sin \varphi_1}{\sin \delta_{o1}}$	(104)	R_1	64,43	62,954	63,761

6.33 Weitere Vorbereitungen für die Drehmaßberechnung

Formel	Formel Nr.	Ergeb-nis
$v' = R_m \cdot \sin \zeta'_m$	(105)	23,64
$b_1 = \dfrac{b_2}{\cos \zeta'_m}$	(106)	33,10
$b_x = 1,5\, m_n \cdot \tan \zeta'_m$	(106a)	1,45
$b_g = b_1 + 2 b_x$	(107)	36,00
$R_{a1} = R_m \cdot \cos \zeta'_m + \dfrac{b_g}{2}$	(108)	107,16
$R_{i1} = R_{a1} - b_g$	(109)	71,16
$R_{a2} = \dfrac{d_{o2} \cdot z_p}{2 z_2}$	(108a)	108,24
$R_{i2} = R_{a2} - b_2$	(108b)	76,24
$h_{k1} = h_{k2} = m_n$ (ohne Profilverschiebung)		3,5

6.34 Drehmaße zu den Bildern 56 und 57

Formel	Ergebnis	Formel	Ergebnis
Ritzel: $c_1 = h_{k1} \cdot \sin \delta_{o1}$	1,30	$d_{ka1} = d'_{o1} + 2k_1$	75,46
$f_1 = b_g \cdot \sin \delta_{o1}$	13,38	$d_{ki1} = d_{ka1} - 2f_1$	48,70
$e = b_x \cdot \sin \delta_{o1}$	0,54	$m_{s1} = \dfrac{d_{o1}}{z_1}$	7,542
$k = \dfrac{b_1}{2} \cdot \sin \delta_{o1}$	6,15	**Tellerrad:** $c_2 = h_{k2} \cdot \sin \delta_{o2}$	3,25
$k_1 = h_{k1} \cdot \cos \delta_{o1}$	3,25	$f_2 = b_2 \cdot \sin \delta_{o2}$	29,56
$a_1 = b_g \cdot \cos \delta_{o1}$	33,42	$k_2 = h_{k2} \cdot \cos \delta_{o2}$	1,34
$n = b_x \cdot \cos \delta_{o1}$	1,35	$a_2 = b_2 \cdot \cos \delta_{o2}$	12,25
$E = \dfrac{b_1}{2} \cdot \cos \delta_{o1}$	15,36	$H = \dfrac{b_2}{2} \cdot \cos \delta_{o2}$	6,12
$c = r_{m2} \cdot \cos \zeta_m$	82,77	$D = r_{m1} \cdot \cos \eta$	27,66
$A_1 = C + E$	98,13	$A_z = D + H$	33,78
$w = A_1 + n$	99,48	$d_{ka2} = d_{o2} + 2k_2$	202,68
$r_{a1} = r_{m1} + k$	33,94	$d_{ki2} = d_{ka2} - 2f_2$	143,56
$d_{o1} = 2r_{a1}$	67,88	$m_{s2} = \dfrac{d_{o2}}{z_2}$	5,405
$d'_{o1} = d_{o1} + 2e$	68,96		

6.4 AVAU-Getriebe mit Zyklo-Palloid-Verzahnung

Gegebene Werte: $d_{o2} = 500{,}00$, $v = 36$, $i = 5{,}375$, $b_2 = 68$
Kurzzeichen nach den Bildern 54—57

6.41 Überschlagsrechnung

Formel	Ergebnis	Formel	Ergebnis
$\sin \zeta_{m\,\mathrm{vorl}} = \dfrac{2v}{d_{o2}}$	0,144 000	$\sin \delta_{o2} = \dfrac{i}{\sqrt{1 + i^2}} \cdot$ $\cdot \cos \zeta_{m\,\mathrm{vorl}} \cdot 1{,}02$	0,972 882
$\zeta_{m\,\mathrm{vorl}}$	8,28°	δ_{o2}	76,63°
$\cos \zeta_{m\,\mathrm{vorl}}$	0,989 576	$2r_{m2} = d_{o2} - b_2 \cdot \sin \delta_{o2}$	433,84
$\beta_{m1\,\mathrm{vorl}} = \beta_{m2} + \zeta_{m\,\mathrm{vorl}}$	46,03°	$F = \dfrac{\cos \beta_{m2}}{\cos \beta_{m1}}$	1,139
$\cos \beta_{m1\,\mathrm{vorl}}$	0,694 282		

Gewählt: $\beta_{m2} = 37{,}75°$, $\cos \beta_{m2} = 0{,}790\,690$, $z_2 = 43$,

$$m_n = \frac{2 \cdot r_{m2} \cdot \cos \beta_{m2}}{z_2} = 7{,}978, \text{ abgerundet} = 8.$$

6.42 Endgültige Berechnung

Nach dem vorstehenden Überschlag liegen nunmehr die folgenden Werte vor:

$d_{o2} = 500$, $v = 36$, $i = 5{,}375$, $z_1/z_2 = 8/43$, $b_2 = 68$. Als Messerkopf-Gangzahl z_w wird 5 angenommen, weil die Zähnezahlen 8 und 43 nicht durch 5 teilbar sind.

Das endgültige Ergebnis muß durch Wiederholungsrechnung gefunden werden. Im 1. Rechnungsgang werden die Ergebnisse der Überschlagsrechnung, in den folgenden die der voraufgegangenen eingesetzt.

Eine ausreichende Genauigkeit ist erreicht, wenn R_{m1} bis auf eine zul. Abweichung von 0,1% dem Wert $R_{m1\,\mathrm{vgl}}$. gleich ist. Ist der Unterschied noch größer, so muß δ_{o2} geändert werden, wie es am Schluß dieser Rechnung gezeigt wird.

Formel	Kurz-zeichen	1. Rechnung	2. Rechnung
Eingangswerte	F	1,139	1,160 10
	δ_{o2}	76,63°	76,502°
	$\sin \delta_{o2}$	0,972 882	0,972 378
	$\tan \delta_{o2}$	4,207 33	4,165 94
	$\cos \delta_{o2}$	0,231 239	0,233 417
	$\cos \eta$	0,995	0,999 295
$r_{m2} = 0{,}5\,(d_{o2} - b_2 \sin \delta_{o2})$	r_{m2}	216,92	216,939
$r_{m1\text{vorl}} = \dfrac{F \cdot r_{m2}}{i}$	$r_{m1\text{vorl}}$	45,966 9	46,822 5
$w = r_{m2} \cdot \tan \delta_{o2}$	w	912,654	903,657
	$\tan \eta$	0,037 563	0,037 877
$\tan \eta = \dfrac{v}{w + r_{m1} \cdot \cos \eta}$	η	2,151°	2,172°
	$\cos \eta$	0,999 295	0,999 282
	$\sin \zeta_m$	0,158 040	0,157 776
	ζ_m	9,093°	9,082°
$\sin \zeta_m = \dfrac{w \cdot \tan \eta}{r_{m2}}$	$\tan \zeta_m$	0,160 049	0,159 852
	$\cos \zeta_m$	0,987 433	0,987 463
	$\tan \zeta'_m$	0,164 510	0,164 392
	ζ'_m	9,342°	9,335°
$\tan \zeta'_m = \dfrac{\tan \zeta_m}{\sin \delta_{o2}}$	$\sin \zeta'_m$	0,162 327	0,162 207
	$\cot \zeta'_m$		6,083 33
	$\cos \zeta'_m$	0,986 737	0,986 757
	$\sin \delta_{o1}$	0,228 333	0,230 491
$\sin \delta_{o1} = \cos \zeta_m \cdot \cos \delta_{o2}$	δ_{o1}	13,199°	13,3264°
	$\tan \delta_{o1}$		0,236 869
	$\cos \delta_{o1}$	0,973 583	0,973 075
$\cos \beta_{m2} = \dfrac{z_2 \cdot m_n}{z \cdot r_{m2}}$ Nur berechnen, wenn vorgegebener Normalmodul m_n nicht geändert werden darf. Sonst β_m konstant halten	$\cos \beta_{m2}$	0,792 912	0,792 850
	β_{m2}	37,541°	37,547°
	$\sin \beta_{m2}$	0,609 329	0,609 413

Formel	Kurz-zeichen	1. Rechnung	2. Rechnung
$\beta_{m1} = \beta_{m2} \pm \zeta'_m$	β_{m1}	$46{,}883°$	$46{,}882°$
$+$ bei positiver Achsversetzung	$\sin \beta_{m1}$	$0{,}729\ 960$	$0{,}729\ 948$
$-$ bei negativer Achsversetzung	$\cos \beta_{m1}$	$0{,}683\ 491$	$0{,}683\ 504$
$F_{korr} = \dfrac{\cos \beta_{m2}}{\cos \beta_{m1}}$	F_{korr}	$1{,}160\ 10$	$1{,}159\ 98$
$r_{m1\,korr} = \dfrac{r_{m2} \cdot F_{korr}}{i}$	$r_{m1\,korr}$	$46{,}818\ 4$	$46{,}817\ 7$
$R_{m2} = r_{m2}/\sin \delta_{o2}$	R_{m2}	$222{,}966$	$223{,}102$
$R_{m1} = r_{m1\,korr}/\sin \delta_{o1}$	R_{m1}	$205{,}044$	$203{,}122$
Sofern der Flugkreisradius r_w des Messerkopfes nicht festgelegt ist, die folgende Zwischenrechnung ausführen:			
$A_1 = R_{m2} \cdot \sin \zeta'_m \cdot \cos \zeta'_m$	A_1	$35{,}713\ 4$	
$A_2 = R_{m2} \cdot \cos \beta_{m1} \cdot \cos^2 \beta_{m2}$	A_2	$95{,}814\ 0$	
$A_3 = \cos^2 \beta_{m1} \cdot \cos \beta_{m2} - \sin \beta_{m1} \cdot \sin \zeta'_m$	A_3	$0{,}251\ 928$	
$r_w = \dfrac{R_{m1} \cdot A_1}{A_2 - R_{m1} \cdot A_3}$	r_w	$165{,}83$	
Gewählter Flugkreisradius	r_w		170
$m_n = \dfrac{2 \cdot r_{m2} \cdot \cos \beta_{m2}}{z_2}$ Nur berechnen, wenn vorgegebener Spiralwinkel β_m nicht geändert werden darf. Sonst $m_n = $ konstant.			
$\sin \nu = \dfrac{z_w \cdot m_n}{2 \cdot r_w}$	$\sin \nu$	$0{,}117\ 647$	$0{,}117\ 647$
	ν	$6{,}756°$	$6{,}756°$
	$\cos \nu$	$0{,}993\ 056$	$0{,}993\ 056$
$\varphi_2 = \beta_{m2} - \nu$	φ_2	$30{,}785°$	$30{,}791°$
	$\sin \varphi_2$	$0{,}511\ 818$	$0{,}511\ 908$
	$\cos \varphi_2$	$0{,}859\ 094$	$0{,}859\ 040$
$\varphi_1 = \varphi_2 + \zeta'_m$	φ_1	$40{,}127°$	$40{,}126°$
	$\sin \varphi_1$	$0{,}644\ 485$	$0{,}644\ 471$
$A_4 = r_w \cdot R_{m2} \cdot \cos \beta_{m1} \cdot \cos \beta_{m2} \cdot \cos^2 \varphi_2$	A_4	$15\ 160{,}96$	$15\ 167{,}41$
$A_5 = \sin \zeta'_m \cdot \cos \zeta'_m \cdot \cos \nu$	A_5	$0{,}159\ 062$	$0{,}158\ 948$
$A_6 = R_{m2} \cdot \cos \beta_{m2} + r_w \cdot \sin \nu$	A_6	$196{,}792$	$196{,}886$

Formel	Kurz-zeichen	1. Rechnung	2. Rechnung
$A_7 = r_w \cdot \cos \varphi_2 (\cos^2 \beta_{m1} \cdot \cos \varphi_2 - \\ \qquad - \sin \varphi_1 \cdot \sin \zeta'_m)$	A_7	43,334 3	43,341 7
$R_{m1\,vgl} = \dfrac{A_4}{A_5 \cdot A_6 + A_7}$	$R_{m1\,vgl}$	203,131	203,218

weicht R_{m1} um mehr als 0,1% von $R_{m1\,vgl}$ ab, so wird δ_{02} mit Hilfe der folgenden beiden Formeln neu bestimmt und die Rechnung wiederholt.

Formel	Kurz-zeichen	1. Rechnung	2. Rechnung
$\sin \delta_{01} = \dfrac{r_{m1\,korr}}{R_{m1\,vgl}}$	$\sin \delta_{01}$	0,230 484	
$\cos \delta_{02} = \dfrac{\sin \delta_{01}}{\cos \zeta_m}$	$\cos \delta_{02}$	0,233 417	
	δ_{02}	76,50°	

weitere Hauptabmessungen

Formel	Kurz-zeichen	1. Rechnung	2. Rechnung
$z_p = \dfrac{z_2}{\sin \delta_{02}}$	z_p		44,221 5
$R_{a2} = \dfrac{d_{02}}{2 \cdot \sin \delta_{02}}$	R_{a2}		257,10
$R_{i2} = R_{a2} - b_2$	R_{i2}		189,10
$v' = R_{m2} \cdot \sin \zeta'_m$	v'		36,189
$\sin \zeta'_{a2} = \dfrac{v'}{R_{a2}}$	$\sin \zeta'_{a2}$		0,140 758
	ζ'_{a2}		8,092°
	$\cot \zeta'_{a2}$		7,033 41
$\sin \zeta'_{i2} = \dfrac{v'}{R_{i2}}$	$\sin \zeta'_{i2}$		0,191 375
	ζ'_{i2}		11,033°
	$\cot \zeta'_{i2}$		5,128 78
$b_1 = v' (\cot \zeta'_{a2} - \cot \zeta_{i2})$	b_1		68,93
$b_x \approx 1{,}5\, m_n \cdot \tan \zeta'_m$	b_x		1,97
$b_g = b_1 + 2 b_x$	b_g		73,00 (aufgerundet)
$R_{a1} = v' \cdot \cot \zeta'_{a2} + b_x$	R_{a1}		256,57
$R_{i1} = R_{a1} - b_g$	R_{i1}		183,57
$Md = \sqrt{R_{m2}{}^2 + r_w{}^2 - 2 R_{m2} \cdot r_w \cdot \sin \varphi_2}$	Md		199,61
$\varrho = \dfrac{Md}{1 + \dfrac{z_w}{z_p}}$	ϱ		179,33

6.43 Berechnung weiterer Bestimmungsstücke

6.431 Ergänzungszähnezahlen

Formel	Kurz-zeichen	1. Rechnung	2. Rechnung
$z_{nm1} = \dfrac{z_1}{\cos \delta_{o1} \cdot \cos^3 \beta_{m1}}$	z_{nm1}		25,7
$z_{nm2} = \dfrac{z_2}{\cos \delta_{o2} \cdot \cos^3 \beta_{m2}}$	z_{nm2}		369,6
$\cos \psi_{i2} = \dfrac{R_{i2}{}^2 + Md^2 - r_w{}^2}{2\,R_{i2} \cdot Md}$	$\cos \psi_{i2}$		0,618 644
	ψ_{i2}		51,783°
	$\sin \psi_{i2}$		0,785 673
$\tan \beta_{i2} = \dfrac{R_{i2} - \varrho \cdot \cos \psi_{i2}}{\varrho \cdot \sin \psi_{i2}}$	$\tan \beta_{i2}$		0,554 730
	β_{i2}		29,019°
	$\sin \beta_{i2}$		0,485 100
$\beta_{i1} = \beta_{i2} \pm \zeta'_{i2}$ $+$ bei positiver Achsversetzung	β_{i1}		40,052°
	$\sin \beta_{i1}$		0,643 483
	$\cos \beta_{i1}$		0,765 461
$z_{ni1} = \dfrac{z_1}{\cos \delta_{o1} \cdot \cos^3 \beta_{i1}}$	z_{ni1}		18,3

6.44 Profilverschiebungsfaktor x_1 (Unterschnittfreiheit)

Nach den bisherigen Rechnungen liegen folgende Werte fest:

$d_{o2} = 500$, $\quad b_2 = 68$, $\quad m_n = 8$, $\quad b_1 = 68,93$, $\quad i = 5,375$, $\quad R_{i2} = 189,10$, $\alpha_n = 20$, $\quad r_{m1} = 46,8177$, $\quad z_1 = 8$, $\quad z_{ni1} = 18,3$, $\quad \sin \delta_{o2} = 0,972\ 378$, $\cos \beta_{i2} = 0,874\ 458$, $\quad \cos \beta_{i1} = 0,765\ 461$, $\quad \sin \delta_{o1} = 0,230\ 491$, $\quad \sin \beta_{i2} =$ $= 0,485\ 100$, $\sin \beta_{i1} = 0,643\ 483$, $\tan \delta_{o2} = 4,165\ 94$, $\tan \delta_{o1} = 0,236\ 869$

Formel	Kurz- zeichen	Ergebnis
$r_{i2} = 0{,}5 \cdot d_{o2} - b_2 \cdot \sin \delta_{o2}$	r_{i2}	183,88
$F_i = \dfrac{\cos \beta_{i2}}{\cos \beta_{i1}}$	F_i	1,142 4
$r_{i1} = \dfrac{r_{i2} \cdot F_i}{i}$	r_{i1}	39,082
$R_{ie1} = \dfrac{r_{i1}}{\sin \delta_{o1}}$	R_{ie1}	169,560
$\tan \alpha_{ig} = \dfrac{R_{ie1} \cdot \sin \beta_{i1} - R_{i2} \cdot \sin \beta_{i2}}{R_{ie1} \cdot \tan \delta_{o1} + R_{i2} \cdot \tan \delta_{o2}}$	$\tan \alpha_{ig}$	0,020 988
	α_{ig}	1,202°
	α_{wi}	18,798°
$\alpha_{wi} = \alpha_n - \alpha_{ig}$	$\sin \alpha_{wi}$	0,322 233
	$\sin^2 \alpha_{wi}$	0,103 834
$m_{ni1} = \dfrac{\cos \beta_{i1}(2\,r_{m1} - b_1 \cdot \sin \delta_{o1})}{z_{i1}}$	m_{ni1}	7,439
$x_1 = 1{,}1 - \dfrac{\sin^2 \alpha_{wi} \cdot z_{ni1} \cdot m_{ni1}}{2m_n}$	x_1	0,22
$h_{k1} = m_n \cdot (1 + x_1)$	h_{k1}	9,76
$h_{k2} = 2 \cdot m_n - h_{k1}$	h_{k2}	6,24

Die Berechnung der Drehmaße erfolgt sinngemäß wie in dem Beispiel 6.34

7. Spiralkegelräderberechnung auf elektronischen Anlagen

7.1 Aufgabenstellung

Wie die voraufgehenden Abschnitte erkennen lassen, sind Spiralkegelräder nur selten in einem Zuge auszulegen. Die Schwierigkeit der Rechnung liegt darin, daß eine Reihe von geometrischen und kinematischen Bedingungen durch eine Vielzahl von veränderlichen, wechselweise voneinander abhängigen Größen erfüllt werden muß. Das gilt in besonderer Weise für achsversetzte Getriebe. So müssen z. B. die Zähnezahlen der Räder zunächst angenommen werden, entsprechend dem Übersetzungsverhältnis. Erst in der fortschreitenden Rechnung ergibt sich, ob sie mit den anderen Bestimmungsstücken in Einklang zu bringen sind. Fräser- und Messerkopfgrößen liegen nur in genormten Größen vor und von diesen verfügen die einzelnen Zahnradfabriken nur über eine bestimmte Auswahl, nach der sich die Auslegung richten soll. Die Werkzeuge müssen aber das durch die Auslegung vorgesehene Erzeugungsplanrad einwandfrei verkörpern. Zahnbreite und Modul müssen in ein nach dem Verwendungszweck bestimmtes Verhältnis gebracht werden und im Hinblick auf die Tragfähigkeit eine ausreichende Größe erhalten.

Das in den voraufgehenden Abschnitten besprochene Formelwerk enthält an verschiedenen Stellen Vereinfachungen, um den manuell durchgeführten Rechnungsgang nicht zu zeitraubend zu machen. Zur Steigerung der Genauigkeit ist es aber wünschenswert, im Aufbau des Formelwerkes nicht behindert zu sein. Das elektronische Rechnen befreit von dieser, dem manuellen Rechnen anhaftenden Bindung. Auch der Zeitgewinn, der damit erreicht wird, darf nicht gering eingeschätzt werden.

Im Entwicklungswerk der Klingelnberg-Verzahnung, in dem neben Rechnungen für die laufende Fertigung auch umfangreiche Untersuchungen für die Weiterentwicklung durchgeführt werden, wird die elektronische Rechnung schon seit Jahren mit Erfolg angewendet. Hinsichtlich des Zeitaufwandes wurde zwischen beiden Methoden das Verhältnis 1:86 000, der Kosten 1:340 festgestellt. Nicht nur die Auslegung der Getriebe, auch die Ermittlung der Einstellwerte für die Verzahnmaschine kann elektronisch erfolgen. Elektronische Berechnungen werden vom Entwicklungswerk für alle in der Industrie stehenden Klingelnberg-Maschinen zur Verfügung gestellt.

Der zum manuellen Rechnen aufgebaute Rechnungsgang ist für eine Programmierung zur elektronischen Berechnung unzweckmäßig.

Beim manuellen Rechnen ist das schnelle Auffinden geeigneter Kombinationen aus der Vielzahl der möglichen Fälle mehr oder weniger eine Frage der Erfahrung. Im Gegensatz dazu wird beim elektronischen Rechnen eine Möglichkeit nach der anderen durchprobiert. Für diesen Vergleich muß der Rechnungsgang durch geeignete Bedingungen so gestaltet werden, daß sich ein eindeutig schneller Weg zum Bestimmen der zueinander passenden Werte ergibt. Die Umwandlung der Formelwerke in elektronische Rechenprogramme, die allen Verbrauchern zur Verfügung stehen, wurde vom Herstellerwerk durchgeführt. Deshalb kann hier von Einzelheiten abgesehen werden. Als Beispiel für die Art solcher Arbeiten soll nachfolgend die Überprüfung der geometrischen Abmessungen des Fräsers im Hinblick auf die ausgelegten Planraddaten durch geeignete Formeln zur elektronischen Berechnung entwickelt werden.

7.2 Beispiel für den Aufbau eines geeigneten Formelwerkes

Nach Abschnitt 2.33 ist eine Auslegung dann brauchbar, Bild 26, wenn die geometrischen Abmessungen des Fräsers und die Planraddaten die folgenden zwei Bedingungen nach den auch früher gebrachten Formeln

$$d_o \leqq \sqrt{R_i{}^2 - (\varrho - m_n)^2} \qquad (125)$$

$$d_o + Sf \geqq \sqrt{R_a{}^2 - (\varrho - m_n)^2}. \qquad (126)$$

Da $R_i = R_a - b$ ist, kann Bedingung 125 auch geschrieben werden:

$$d_o \leqq \sqrt{(R_a - b)^2 - (\varrho - m_n)^2}. \qquad (125\,\text{a})$$

Nach Quadrieren und Umstellen gehen die Bedingungen 125 und 125 a in

$$d_o{}^2 + 2b\,R_a - b^2 \leqq R_a{}^2 - (\varrho - m_n)^2 \qquad (125\,\text{b})$$

$$d_o{}^2 + 2\,d_o\,Sf + Sf^2 \geqq R_a{}^2 - (\varrho - m_n)^2 \qquad (126\,\text{a})$$

aus denen sich dann nach einigen weiteren Rechnungen Sf ergibt:

$$Sf(2\,d_o + Sf) - b(R_a + R_i) \geqq 0. \qquad (127)$$

Den Wert $Sf\,(2\,d_o + Sf)$ kann man nun für jeden der in der Fräsernorm Tafel 6 in drei Reihen festgelegten Fräserabmessungen und ihren Normalmoduln m_n bestimmen und die Tafel mit Spalten dieser Werte ergänzen.

So gibt die Formel 127 die Möglichkeit, durch Vergleich von Planrad- und Fräserabmessungswerten die Normalmoduln innerhalb eines noch näher zu erläuternden Modulbereiches festzulegen, die für eine brauchbare Verzahnung geeignet erscheinen. Sie gibt die untere Grenze der möglichen Moduln an. Der Bereich, aus dem der Normalmodul m_n mit Hilfe der Gleichung 127 ausgewählt werden soll, läßt sich in Abhängigkeit von der Zahnbreite b und unter Beachtung der Materialeigenschaften des zu verzahnenden Getriebes bestimmen. Z. B. soll bei gehärteten, hochbeanspruchten Rädern $m_n = b/7$ bis $b/8$ sein. Mit diesem eingeschränkten Bereich der in Frage kommenden Moduln wird dann mit der Bedingung der Formel 127 ein Fräser mit dem ersten geeignet erscheinenden Modul aus einer der drei Normreihen gefunden.

Mit der gleichen Zielsetzung werden auch die übrigen Teile des Rechnungsganges auf die Bedürfnisse des elektronischen Rechnens umgestellt.

7.3 Forderungen allgemeiner Art an das Programm

Nachdem mit Hilfe des vorstehend beschriebenen Formelwerkes ein einfacher Weg zur schnellen Bestimmung der einzelnen Bestimmungsstücke gefunden ist, muß das Programm selbst festgelegt werden. Es ist ja bekannt, daß der automatische Ablauf des Rechnungsganges in elektronischen Anlagen von vorher festgelegten Programmen gesteuert werden muß. Für ein Programm stehen in einer Anlage bestimmter Größe 2000 Speicherplätze zur Verfügung. Diese reichen nicht aus, um das Programm in einem Stück abzuwickeln. So werden z. B. bei Palloidrädern allein für gespeicherte Tabellen folgende Speicherplätze benötigt:

Normalmodul	23 Speicherplätze
Fräserabmessungen	66 Speicherplätze
Kundentabelle	100 Speicherplätze
Erzeugungskegelwinkel	42 Speicherplätze
Profilverschiebungsfaktor	80 Speicherplätze
Werte z_2 für die Tabelle	
Profilverschiebungsfaktor x_1	16 Speicherplätze
Werte z_{n1} für y_1	11 Speicherplätze
y_1 Werte	66 Speicherplätze
Werte z_{n2} für y_2	12 Speicherplätze
y_2 Werte	72 Speicherplätze

Insgesamt   488 Speicherplätze

Reicht die Zahl der vorhandenen Speicherplätze für ein Programm nicht aus, dann muß dieses mehrteilig gemacht werden. Bei den riesigen Speicherkapazitäten moderner Großrechenanlagen, die bis in die Millionen gehen, ist das natürlich nicht erforderlich.

Das Programm muß folgenden Hauptforderungen genügen:

1. Bei der Auswahl des Normalmoduls sollen alle genormten Werkzeuge zugrunde gelegt werden.

2. Da das Programm auch den Abnehmern der Klingelnberg-Wälzfräsmaschinen zur Verfügung steht, müssen Auslegungen gesucht werden, die, sofern gewünscht, nach Möglichkeit auf beim Verbraucher verfügbaren Werkzeugen basieren.

3. Es soll die Möglichkeit bestehen, Auslegungen für ein bestimmtes Werkzeug zu finden.

4. Bereits manuell berechnete Auslegungen sollen elektronisch nachgerechnet werden können.

5. Auch für sonderangefertigte Werkzeuge muß eine Auslegungsmöglichkeit bestehen.

7.4 Eingabe der konstruktiv festliegenden Werte

Sowohl für die Eingabe der Werte, von denen die Rechnung ausgehen soll, wie auch für die Rechenergebnisse bestehen vorgedruckte Formblätter, deren Kopf auch die Auftragsnummer, Kundennummer usw. trägt.

Die Rechenergebnisse werden in eine Anzahl von Karten gestanzt und auf der Tabelliermaschine mit Hilfe der Lochbandsteuerung in das vorbereitete Formular eingedruckt. Auch das Rechenbeispiel 6.1 wurde elektronisch berechnet. Die Berechnung dieses Beispieles erforderte einen Zeitaufwand von 3 Minuten.

8. Werkzeuge

8.1 Fräser für die Palloid-Verzahnung

Die schneckenförmigen Werkzeuge zur Herstellung von Palloid-Spiralkegelrädern sind als Schaftfräser ausgebildet und konisch gestaltet. Sie haben infolge ihrer konischen Gestalt unterschiedlich große Enddurchmesser, Bilder 65, 66. Die rechtsspiraligen Räder werden mit einem linksgängigen und die linksspiraligen Räder mit einem rechtsgängigen Fräser verzahnt.

Einzelheiten der Fräser sind in den Abschnitten 2.31 und 2.33 beschrieben. Maßangaben enthält die Tafel 6, Seite 38.

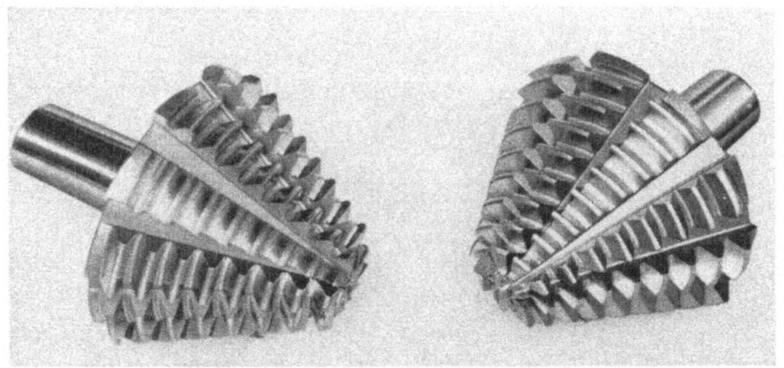

Bilder 65 und 66. Ein Satz kegeliger Wälzfräser.

8.2 Messerköpfe für die Zyklo-Palloid-Verzahnung

Sie sind als Stirnmesserköpfe ausgebildet, Bild 67, und bestehen aus zwei ineinander geschachtelten Teilen, die um zwei parallele, auf einen kleinen Abstand, die sog. Exzentrizität, voneinander einstellbare Achsen durch eine Kreuzscheibenkupplung synchron und winkelgetreu laufend angetrieben werden. Die eine Messerkopfhälfte trägt, wie schon in dem Abschnitt 2.41 beschrieben, die außen-, die andere die innenschneidenden Flankenmesser und je ein Mittelschneidmesser. Für rechts- und linksspiralige Räder, z. B. für Rad und Ritzel eines Radpaares, wird der

gleiche Messerkopf verwendet. Es brauchen nur die Messer der einen
Spiralrichtung gegen die der anderen ausgewechselt zu werden.

Die Messer, Bild 68, sind im Messerkopfkörper in rechteckigen Aus-
nehmungen, und zwar paarweise ein Flanken- und ein Mittelmesser, aufgenommen. Sie werden durch je eine Spannschraube für das Messerpaar

Bild 67. Zweiteiliger fünfgängiger Messerkopf mit
170 mm Flugkreisradius.

Bild 68.
Zwei mit einer Schraube ein-
gespannte Messer zu dem
Messerkopf Bild 67.

Bild 69. Zweigängiger Messerkopf mit einem Flugkreisradius von 25 mm.

gehalten. In ihren Schaftabmessungen und im Schneidenteil sind sie so
eng toleriert hergestellt, daß sie ohne Zuhilfenahme von Meß- und Ein-
stellvorrichtungen in dem auf der Maschine eingespannten Messerkopf
ausgewechselt werden können. Durch planparallel geschliffene Beilege-
platten werden sie nach dem Scharfschleifen auf den vorgeschriebenen
Flugkreisradius gebracht. Die Messerköpfe für Getriebe der feinmecha-
nischen Industrie, das sind solche bis Modul 1,5, sind nach besonderen
Gesichtspunkten ausgebildet, wie die Bilder 69 und 70 zeigen. Auch sie

sind zweiteilig. Da bei Kleinkegelrädern eine verhältnismäßig geringe Werkstoffmenge zu zerspanen ist, konnten die Werkzeuge außerordentlich einfach gestaltet werden. Allerdings ist für jede Spiralrichtung ein besonderer Messerkopf erforderlich. Die Messer, Bild 71, sind als runde Scheibenmesser, ähnlich den bekannten runden Gewindestrehlern ausgebildet. Sie sind einfach zu montieren und bis zum völligen Verbrauch sehr oft nachschleifbar.

Bild 70. Dreigängiger Messerkopf mit einem Flugkreisradius von 40 mm.

Bild 71. Rundmesser zu den Messerköpfen Bilder 69 und 70.

Die gleichen Messer schneiden innen und außen, je nach ihrer Lage im Messerkopf. Die Mittelmesser unterscheiden sich nur durch ihren anderen Anschliff von den Flankenmessern.

Angaben über Modulbereiche, Flugkreisradien und Gangzahlen der Messerköpfe bringt Tafel 9, Seite 47.

9. Maschinen zum Verzahnen und ihre Hilfseinrichtungen
9.1 Wälzfräsmaschinen

Wie schon eingangs erläutert, werden bei beiden Klingelnberg-Verfahren: der Herstellung von Palloid-Rädern mittels Kegelfräser und der Herstellung von Zyklo-Palloid-Rädern mittels Messerkopf Werkzeug und Werkstück wie Schnecke und Schneckenrad miteinander verschraubt. Bei beiden Verfahren wird die Wälzung von dem um die Planradachse schwenkenden Werkzeug ausgeführt. Diese Übereinstimmung im Grundprinzip der beiden Verfahren ermöglicht eine weitgehende Übereinstimmung im Aufbau der Verzahnmaschinen. Sie machte es möglich, im mittleren Bedarfsbereich der Verzahnung, in dem für beide

Bild 72. Blick auf die Planscheibe mit Kegelfräser.

Bild 73.
Blick auf die Planscheibe mit Messerkopf.

Verfahren Interesse besteht, Maschinen mit gleichem Grundaufbau in der Endfertigung wahlweise zum Verzahnen mittels Fräser oder Messerkopf herzurichten. Die Maschinen für den unteren Bedarfsbereich, also vorzugsweise für die Feinmechanik und für den oberen Bereich, etwa über 650 mm Raddurchmesser, sind dagegen Einzweckmaschinen für das Zyklo-Palloid-Verfahren.

Die folgende Beschreibung der für den mittleren Bereich, also das Fräs- und Messerkopf-Verfahren bestimmten Maschine macht zugleich auch den Aufbau der Einzweckmaschinen verständlich, wenn die dazugehörigen Bilder mit herangezogen werden.

Bild 74. Spiralkegelrad-Wälzfräsmaschine AMKU 630.

Bild 72 zeigt einen Blick auf die Planscheibe der Maschine, ausgerüstet mit Fräskopf und Kegelfräser (AFKU 630). Bild 73 bringt einen ähnlichen Ausschnitt, jedoch mit Messerkopf (AMKU 630). Bild 74 ist eine Gesamtansicht der Maschine. Auch später kann die Maschine noch ohne allzugroßen Aufwand durch Auswechseln des Werkzeugkopfes und des Schaltschrankes von einer Fräsermaschine in eine Messerkopfmaschine oder umgekehrt umgebaut werden.

Wie Bild 74 erkennen läßt, ist das Maschinengehäuse mit dem Antrieb, der Planscheibe und dem Werkzeugträger auf der einen Seite des Bettes angeordnet, während die andere Bettseite den Rundsupport mit dem Werkstückspindelstock trägt. Der Rundsupport ist um einen in Maschinenmitte sitzenden Zapfen zum Einstellen der Werkstückspindel auf den Teilkegelwinkel schwenkbar. Im Bett befinden sich getrennte Behälter für das Schneid- und Schmieröl. Von einer Vertiefung unterhalb der Arbeitsstelle, in der sich die abfallenden Späne sammeln, führt ein Kanal nach außen. Ein magnetisches Spanförderband kann angebaut werden, das die Späne in einen Transportbehälter abwirft. Die Ansicht, Bild 78, einer Maschinenrückseite läßt diese Einrichtung erkennen.

Die Wälztrommel mit der den Werkzeugkopf tragenden Planscheibe, die im Maschinengehäuse gelagert ist, wird von einem großen Schneckenkranz angetrieben, und zwar mittels Teil- und Bremsschnecke.

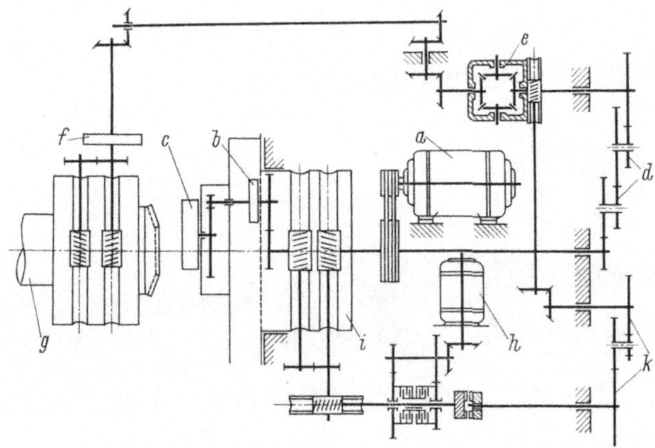

Bild 75. Wälzgetriebezug zu Bild 74. *a* Hauptantriebsmotor, *b* Schwungmasse, *c* Messerkopf (zweiteilig mit vorgeschaltetem Spezialgetriebe), *d* Teilwechselräder, *e* Differential, *f* Schwungmasse, *g* Werkstückspindel, *h* Wälzantriebsmotor, *i* Wälztrommel mit Planscheibe, *k* Differential-Wechselräder.

Der Messerkopf ist zur Einstellung der Maschinendistanz exzentrisch verschwenkbar auf der Planscheibe gelagert. Zur Abkürzung des Wälzweges beim Messerkopfverfahren ist die Maschine mit einer Tauchvorschubeinrichtung versehen, wie sie später noch näher beschrieben wird. Der Lagerkörper für die Werkstückspindel ist im Werkstückspindelkopf in der Höhe verstellbar, um die Ritzel der AVAU-Räder in ihrer achsversetzten Stellung zu verzahnen. Maschinengehäuse und Werkstückspindelstock werden in der Wälzstellung über einen schweren Querbalken hydraulisch miteinander zu einem starren Rahmen verklemmt. Im Querbalken liegt die Getriebewelle vom Maschinengehäuse zum Werkstückspindelstock.

Bild 75 zeigt den Getriebezug der Maschine Bild 74, und zwar mit Antrieb für den Messerkopf. Die Abänderung für einen Antrieb des Fräsers ist aus Bild 76 zu erkennen. Der Getriebezug für den Tauchvorschub ist aus Bild 77 zu erkennen. Mit Hilfe der Bildunterschriften bedürfen die Getriebezeichnungen keiner umfangreichen Erklärungen. Ergänzend sei folgendes erklärt. Der Hauptantriebsmotor der Maschine ist ein stufenlos regelbarer Gleichstrommotor. Er treibt über Keilriemen die Hauptwelle, wie es Bild 75 erkennen läßt. Von dieser wird nach der

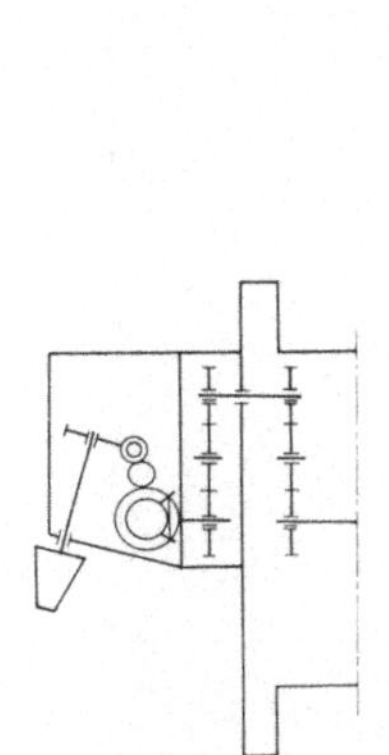

Bild 76. Teil des Getriebezuges Bild 75, umgestellt auf die Verwendung von Kegelfräsern.

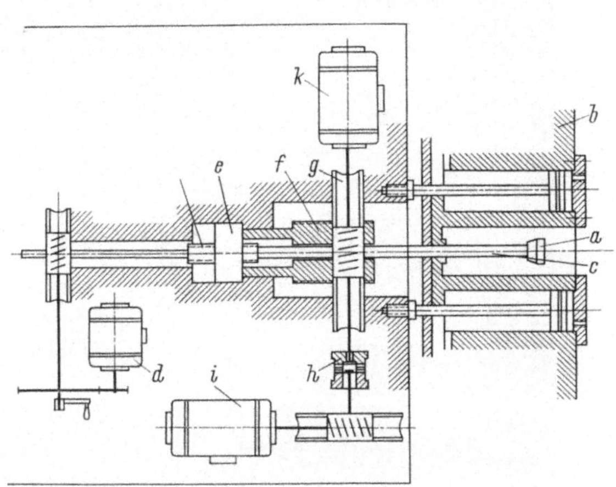

Bild 77. Schema des Tauchvorschubes. *a* Anschlag auf der Einstellspindel *c*, *d* Stellmotor, *e* Mutter, *f* Tauchvorschubspindel, *g* Schneckenrad, *h* Kupplung, *i* Tauchvorschubmotor, *k* Eilrücklaufmotor.

einen Seite über Zwischenräder das Stirnradvorgelege des Messerkopfes und nach der anderen Seite über die Teilwechselräder das Differential und die im Stützbalken gelagerte Übertragungswelle zum Werkstückspindelkopf angetrieben.

Der Wälzvorschub wird nicht vom Hauptmotor abgeleitet, sondern von einem besonderen, ebenfalls stufenlos regelbaren zweiten Motor.

Zum Tauchen wird das Maschinengehäuse von zwei hydraulischen Kolben verschoben, Bild 77, die sich in am Maschinenbett befestigten Zylindern bewegen. Nach dem Einschalten der Maschine schieben die Kolben das Gehäuse schnell in Tauchanfangsstellung. Die Bewegung wird begrenzt durch einen Anschlag *a*, einer in das Bett hineinragenden Spindel *c*, die nur bis zur Anlauffläche am Maschinenbett vordringen kann. Ein

Stück der Spindel ist mit Gewinde versehen, mit dem sie sich vom Stellmotor d aus über ein Schneckengetriebe mit einer im Maschinengehäuse undrehbaren, aber längsverschieblichen Mutter e verschraubt. Gegen die Mutter stützt sich die Tauchvorschubspindel f ab, auf der sich das mit Muttergewinde versehene axial im Maschinengehäuse gehaltene Schneckenrad des Motorantriebes i verschraubt. Der Eilrücklauf erfolgt vom

Bild 78. Spiralkegelrad-Wälzfräsmaschine AMK 850, Rückansicht.

Motor k aus. Dann ist der Tauchvorschubmotor i abgekuppelt. Die Tauchanfangsstellung bei den verschiedenen Moduln und Abnutzungsgraden der Messer wird durch den Stellmotor angefahren und von Hand fein eingestellt. Die eingestellte Tauchtiefe kann an einer Meßuhr am Maschinengehäuse kontrolliert werden. Der stufenlos verstellbare Tauchmotor läßt Vorschubgeschwindigkeiten von 0,1 bis 5 mm/min zu.

Bild 78 zeigt die z. Z. größte der von Klingelnberg gebauten Kegelradverzahnmaschinen. Ihr Arbeitsbereich erstreckt sich auf Räder bis zu einem größten Durchmesser von 850 mm, in Sonderfällen bis 1200 mm und einem größten Stirnmodul von 18, in Ausnahmen von 28 mm. Auf ihr können sowohl Räder als auch Ritzel ohne und mit Achsversetzung verzahnt werden.

Zum Verzahnen kleiner Kegelräder dient die Klingelnberg-Maschine, Modell FK 41 A. Der größte auf dieser Maschine zu verzahnende Raddurchmesser beträgt 110 mm, der kleinste Durchmesser bei einem Übersetzungsverhältnis $1:1 = 6$ mm. Bei dem gegenwärtigen Maschinenpark können also Klingelnberg-Spiralkegelräder in den Durchmessergrenzen von 6 mm bis 1200 mm und den Stirnmoduln von 0,3 bis 28 ausgeführt werden. Über die Arbeitsweise der Maschinen nach den Bildern 74 und 78 noch folgendes:

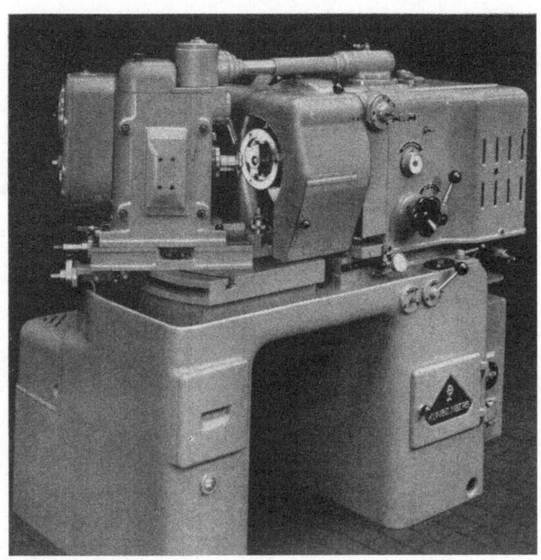

Bild 79. Wälzfräsmaschine für Klingelnberg-Kleinkegelräder, Modell FK 41 A.

Bei Einzelfertigung und kleinen Stückzahlen wird in einer Aufspannung im Tauchgang geschruppt und anschließend im Wälzgang geschlichtet. Bei größeren Stückzahlen ist es zweckmäßiger, getrennt zu schruppen und zu schlichten. Bei Ritzeln sorgt ein an das Tauchen anschließender kurzer Wälzgang dafür, daß die Lücke evolventenförmig profiliert wird. Bei Tellerrädern mit ihrem nur schwach gekrümmten Profil ist das nicht erforderlich. Nach Erreichen der eingestellten Tauchtiefe schaltet sich der Vorschub selbsttätig aus, und das Maschinengehäuse fährt in die Ausgangsstellung zurück. Nach Einstellen der Frästiefe bewirkt eine Druckknopfschaltung den weiteren selbsttätigen Arbeitsablauf, nämlich Vorfahren des Maschinengehäuses in die Wälzanfangsstellung, Zurücklegung des Wälzweges durch Verschwenken der Planscheibe mit dem darauf gelagerten Werkzeug und Rücklauf in die Ausgangsstellung.

9.2 Einrichtungen zum Schärfen der Werkzeuge

9.21 Selbsttätige Kegelradfräser — Scharfschleifmaschine

Zum Schärfen der Kegelradfräser benutzt man eine Sondermaschine, Bild 80.

Bild 80. Selbsttätige Kegelradfräser-Scharfschleifmaschine.

Der zu schärfende Fräser ist in dieser Maschine ortsfest gelagert; er ist ohne Zwischenglieder mit der Teilscheibe verbunden. Die Weiterschaltung von Nut zu Nut erfolgt selbsttätig durch einen auf die Teilscheibe wirkenden Flüssigkeitsstrom.

Die hin und her gehende Schleifbewegung wird von der Schleifscheibe ausgeführt und erfolgt hydraulisch. Die Schleifspindel ist unmittelbar mit einem Elektromotor gekuppelt.

Schlichtfräser werden auf der Maschine im Regelfalle so scharfgeschliffen, daß die Zahnbrust sämtlicher Fräserzähne genau auf Mitte steht. Schruppfräser erhalten zur Verbesserung ihrer Schneidfähigkeit einen vom kleinen zum großen Fräserdurchmesser hin zunehmenden Zahnbrustunterschnitt (Spanwinkel).

Bei dem üblichen radialen Brustschliff behält die Schleifscheibe ihre Schleifstellung während des Vorschubes bei. Bei Erzeugung des oben beschriebenen veränderlichen Unterschnittes führt sie während des Vorschubes eine Kippbewegung aus. Diesem Zweck dienen auswechselbare Schwenkschienen.

9.22 Einrichtungen zum Schärfen der Messerkopf-Messer

Die Messer werden außerhalb des Messerkopfes satzweise, die Außen- und Innenflankenmesser und die beiden Mittelschneider je für sich zuzüglich eines Reservemessers, in einer Scharfschleifvorrichtung, Bild 81,

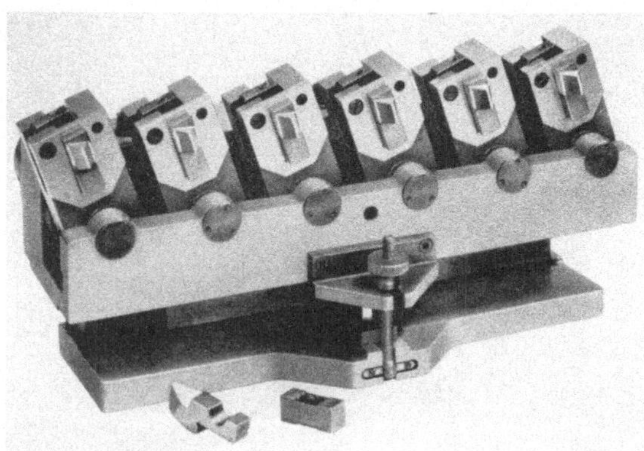

Bild 81

Bild 82

Bilder 81 und 82. Messer-Scharfschleifvorrichtung, Vorder- und Rückansicht.

so eingespannt, daß ihre nachzuschleifenden Spanflächen in einer zur Standfläche der Vorrichtung parallelen Ebene liegen. Die Größe des gewünschten Spanwinkels kann mittels eines entsprechenden Endmaßes eingestellt werden, wie die Rückansicht der Vorrichtung, Bild 82, erkennen läßt. Die eingespannten Messer können auf einer normalen Flächenschleifmaschine scharfgeschliffen werden. Die Rundmesser der Maschine für Kleinkegelräder werden einzeln geschärft, und zwar eingespannt in eine entsprechende Vorrichtung. Mit dieser können sie auf jeder Flächenschleifmaschine, oder in einem besonderen Gerät, Bild 83, geschliffen werden. Dieses Bild zeigt auch die Spannvorrichtung.

Bild 83. Schleifgerät mit Schleifbock für Rundmesser.

9.3 Hydraulische Härtemaschine nach dem Preßstromverfahren

Seit Jahren werden im Kraftwagenbau zum Härten von Kegeltellerrädern besondere Einrichtungen benutzt. Man taucht das glühende Tellerrad nicht freihängend in Öl, sondern bringt es, zwischen seiner Form entsprechenden Matrizen, unter Druck mit dem Kühlöl in Berührung. Ziel dieser Arbeitsweise ist:

1. Verminderung des Härteverzuges,
2. Gleichmäßigkeit in der Serienhärtung,
3. selbsttätiger Arbeitsablauf, um von der Geschicklichkeit des Bedienungsmannes unabhängig zu sein.

Später wurde diese Arbeitsweise dann in weiterentwickelter Form auch von anderen Industriezweigen, z. B. vom Getriebebau und vom Flugzeugbau und für Härtegut der verschiedenen Art, z. B. flache Scheiben, Kugellagerringe usw., übernommen.

Die Ausführung des Verfahrens ist einfach und erfordert keine besonderen Kenntnisse. Dagegen setzen die Vorbereitungen, die notwendig sind, um ein Härtegut bestimmter Form und Werkstoffart serienmäßig zu härten, gewisse Erfahrungen auf diesem Gebiet voraus.

9.31 Vorbereitung der Radkörper

Hochbeanspruchte Antriebsräder werden vorzugsweise aus Einsatzstählen gefertigt, weil diese bis zu 0,22% Kohlenstoff enthaltenden Stähle nach der Wärmebehandlung einen zähen Kern von hoher Festigkeit und eine harte Randzone haben. Der zähe Kern ist geeignet, die namentlich beim Schalten auftretenden Schläge und Stöße bruchsicher aufzunehmen, während die harte Einsatzschicht den Zahnflanken die notwendige Verschleißfestigkeit gibt.

Schon beim Entwurf der Räder ist zu beachten, daß allzu plötzliche Übergänge von schwächeren zu stärkeren Querschnitten ein ungleichmäßiges Erkalten des ganzen Stückes und somit ein Verziehen des Stückes beim Abschrecken begünstigen. Es ist eine möglichst glatte, einfache Form der Räder anzustreben.

Auch die Art der Verformung der Radkörper beim Schmieden, und die Art der spanabhebenden Bearbeitung haben Einfluß auf die Größe des Härteverzuges. So können z. B. beim Fräsen der Zähne Spannungen entstehen, die bei einer nachfolgenden Wärmebehandlung durch Verzug ausgelöst werden. Dieser Verzug tritt um so stärker auf, je stumpfer die Verzahnwerkzeuge sind. Auch von diesem Gesichtspunkt aus ist deshalb frühzeitiges Scharfschleifen der Werkzeuge wichtig.

Um die bei der Bearbeitung entstandenen Spannungen zu vermindern, werden die Werkstücke in vielen Betrieben vor der Fertigbearbeitung ausgeglüht.

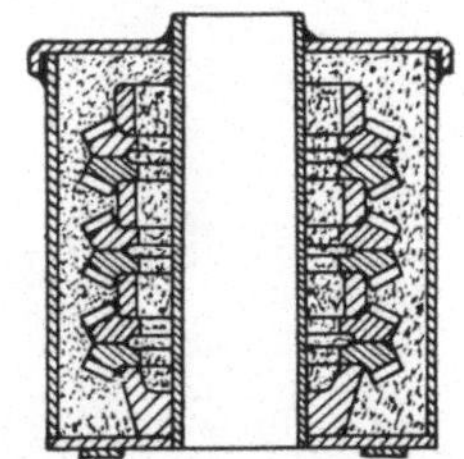

Bild 84. Verpacken von Tellerrädern im Einsatzkasten.

Beim Einsetzen sind die Räder durch ihrer Form entsprechende Unterlagen zu stützen. Die Anordnung kann z. B. für das gleichzeitige Einsetzen mehrerer Tellerräder gemäß Bild 84 getroffen werden.

Ferner ist außerordentlich wichtig, die Räder zunächst vorzuwärmen und dann erst unter Verwendung guter Unterlagen schnell auf die eigentliche Härtetemperatur zu bringen. Im einzelnen sind in diesem Zusammenhang natürlich die Vorschriften der Stahlwerke genau zu beachten.

Vom Standpunkt eines verzugsarmen Härtens empfiehlt es sich nicht, die Einsatzschicht auf denjenigen Flächen, die weich bleiben sollen, später abzudrehen, wie es häufig geschieht. Durch diese Maßnahme entstehen leicht Spannungen, die größere Verzüge erwarten lassen.

Wenn bestimmte Stellen weich bleiben sollen, so muß man diese vor der Kohlung schützen. Das kann auf verschiedene Weise geschehen: a) durch Bedecken mit Lehm, dem man etwas Salz beimengt, b) sofern es sich um die Herstellung großer Mengen gleichartiger Räder handelt, durch galvanisches Verkupfern.

9.32 Aufbau und Arbeitsweise der Maschinen

Bild 85 zeigt den grundsätzlichen Aufbau der Maschine. Ihr Bett ist als Kühlölbehälter ausgebildet. Je nach Erfordernis kann eine Zusatz-

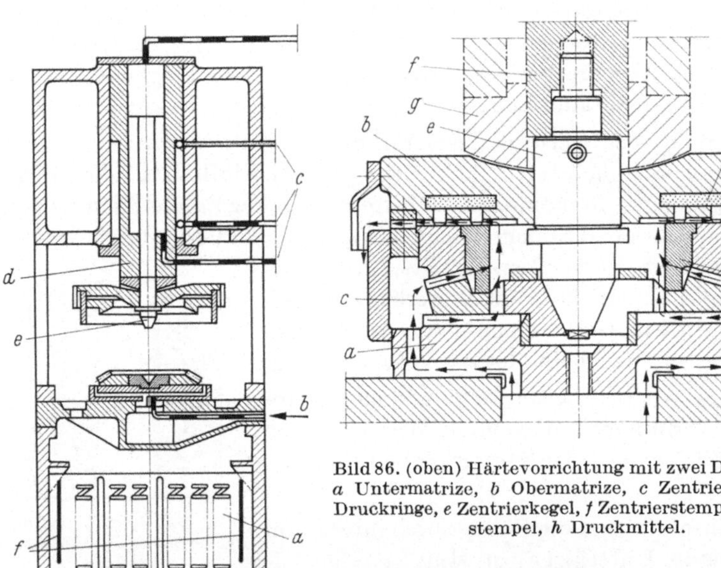

Bild 86. (oben) Härtevorrichtung mit zwei Druckringen. *a* Untermatrize, *b* Obermatrize, *c* Zentriermatrize, *d* Druckringe, *e* Zentrierkegel, *f* Zentrierstempel, *g* Druckstempel, *h* Druckmittel.

Bild 85. (links) Schematischer Aufbau einer Härtemaschine. *a* Wasserkühler, *b* Kühlöl, *c* Bewegungshydraulik, *d* Druckkolben, *e* Zentrierkolben, *f* Heizelemente.

kühlung durch Frischwasser oder eine Aufheizung durch elektrische Heizstäbe erfolgen. Das Oberteil der Maschine, das durch vier kräftige Säulen mit dem Bett verbunden ist, enthält einen Zylinder mit zwei

Kolben, den Druck- und Zentrierkolben. Am Zentrierkolben ist die Obermatrize befestigt, die sich bei der Abkühlung des Rades über die auf dem Bett befindliche Untermatrize legt und das Rad nach außen abschließt. Die Maschine, die in ihrem Aufbau mit einer hydraulischen Presse verglichen werden kann, wird in mehreren Größen ausgeführt, und zwar bis zu einem größten Raddurchmesser von 1000 mm.

In der Härtematrize, Bilder 86 und 87, wird durch geschickte Lenkung des Ölstromes dafür gesorgt, daß die Abkühlgeschwindigkeit an der Ober-

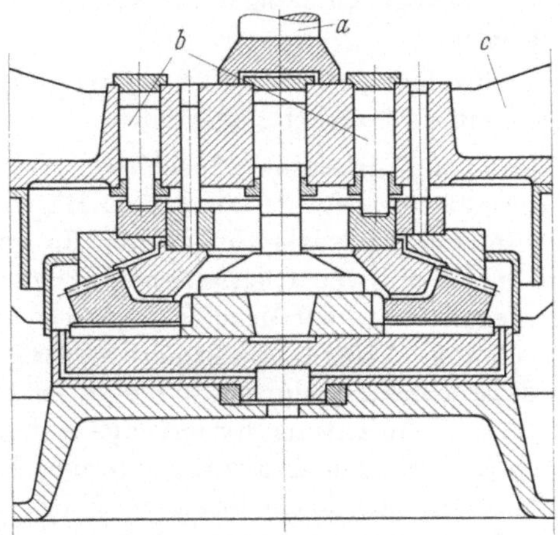

Bild 87. Härtevorrichtung für Maschine mit Zwischenkolben. *a* Hauptkolben, *b* Zwischenkolben, *c* Schlitten.

fläche des Werkstückes überall gleich ist. Damit wird der Gefahr einer unterschiedlichen Wärmeabfuhr und unterschiedlicher Härtegrade an verschiedenen Stellen des Rades begegnet. Außerdem kann die Ölgeschwindigkeit auch im ganzen gesteuert werden.

Zeigt das zu härtende Rad schon gewisse Verzüge, wenn es erhitzt auf die Untermatrize gelegt wird, so kann es in bestimmten Maschinentypen schon zu Beginn des Arbeitsganges gerichtet werden. Die Bilder 86 und 87 zeigen, daß das Rad durch einen oder mehrere Druckringe plangedrückt und ein etwaiger Rundlauffehler durch einen mehrteiligen Zentrierstempel beseitigt werden kann. Dieses Vorrichten erfolgt vor dem Einsatz des Kühlstromes. Die Zentrierscheibe muß allerdings nach diesem Richten auf ihr Ursprungsmaß zurückgehen können, da andernfalls bei dem nachfolgenden Aufschrumpfen die Bohrung zu weit bleiben würde.

8*

Gegebenenfalls beseitigt man den Rundlauffehler ausschließlich erst beim Schrumpfen.

Wenn notwendig, wird nach dem Richten der Kühlölstrom ein- und der Preßdruck für kurze Zeit abgeschaltet. Diese Stufe nennt man Vorkühlzeit. In dieser Zeit kann das Rad frei schrumpfen. In der folgenden Hauptkühlzeit steht das Rad dann wieder unter dem Druck der Stempel. Einem Verzug wird gewaltsam entgegengewirkt.

Da das Rad allseitig vom Öl mit relativ großer Geschwindigkeit umströmt wird, kühlt es sich gleichmäßig ab, soweit es seine Gestalt zuläßt; der Verzug bleibt gering.

Der Ablauf der einzelnen Arbeitsstufen erfolgt selbsttätig. Auch die Dauer der Vorkühlzeit wird vorher eingestellt.

Bei den Standardausführungen der Maschinen werden die Räder von Hand auf die Untermatrize gelegt und nach dem Härten von dort wieder abgenommen. Diese Arbeit wird bei Maschinen für große und schwere Räder durch die Anordnung von Gleitschienen erleichtert, über die das Rad von einem Ablegetisch vor der Maschine zur Arbeitsstelle und zurück geschoben werden kann. Andere Bauformen haben eine automatische Abtransport- und Beschickungseinrichtung oder sind mit beiden versehen. Die Abtransporteinrichtung fördert das auf der Untermatrize liegende Rad nach dem Härten selbsttätig auf eine Ablage hinter dem Arbeitsraum der Maschine oder in ein dort angeordnetes Nachkühlbecken. Die Beschickungseinrichtung fördert es selbsttätig von einer von drei Seiten frei zugänglichen Auflegestelle vor dem Arbeitsraum der Maschine auf die Untermatrize und nach dem Härten dorthin zurück oder in einen Nachkühlbehälter. Bild 88 zeigt eine solche Maschine für Räder bis 400 mm Durchmesser.

Für die Massenproduktion von Rädern, insbesondere von Hinterachstellerrädern von Kraftwagen, wurde zu der Härtemaschine eine induktive Erwärmungsanlage entwickelt, Bild 89. Sie besteht im wesentlichen aus vier hintereinander geschalteten, in einem Tunnel angeordneten und durch eine Fördereinrichtung miteinander verbundenen induktiven Erwärmungsstationen. In diesen wird das sie nacheinander durchlaufende Rad auf Härtetemperatur erwärmt. Die Räder werden selbsttätig einem zweiteiligen Eingangsmagazin entnommen, dessen einer Behälter z. B. von einem Förderband aus mit neuen Rädern geladen wird. Die Aufteilung in vier Stationen wurde gewählt, um eine langsame und gleichmäßige Erwärmung sicherzustellen und die Konzentration der gesamten erheblichen Leistung auf eine Stelle zu vermeiden. Die Erwärmungsanlage ist so ausgelegt, daß die Erwärmungszeit der Taktzeit der Maschine entspricht.

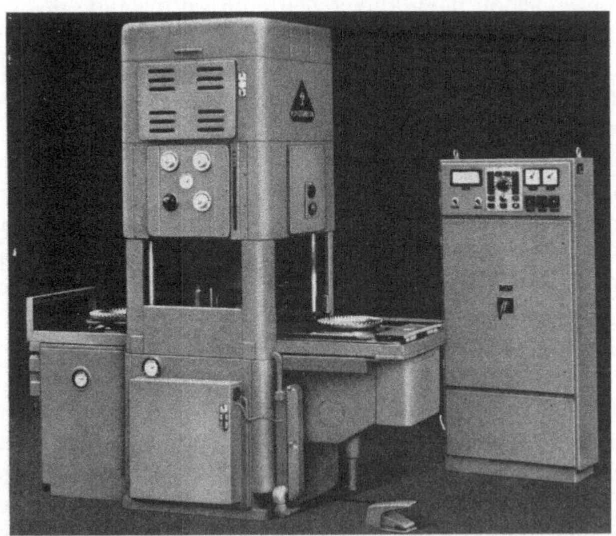

Bild 88. Hydraulische Härtemaschine AH 400 DN, Vorderansicht.

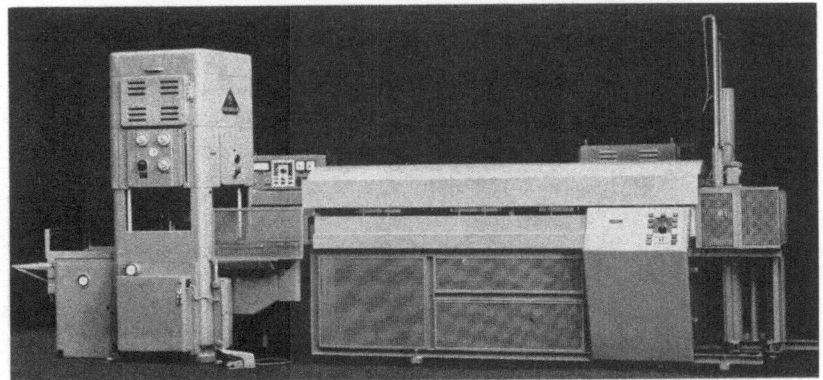

Bild 89. Härtemaschine nach Bild 88 mit induktiver Erwärmungsanlage für die Werkstücke.

9.4 Kegelradläppmaschine

Das Zahnradläppen ist aus dem seit Jahrzehnten bekannten Einschmirgeln oder Einlaufen entstanden, bei dem man die Räder in unveränderter Stellung laufen läßt. Das Einlaufen war unbefriedigend, weil das beim Abrollen der Räder auftretende Höhengleiten bekanntlich am Kopf und Fuß der Zähne groß und am Wälzkreis Null ist. Deshalb tritt beim Einlaufen schon nach kurzer Zeit eine Verformung des Profils auf.

Um der Ursache der ungleichförmigen Schleifwirkung entgegenzuarbeiten, erhalten die Räder während des Läppens kleine Zusatzbewegungen, die auch im Wälzkreis eine Verschiebung der Flanken und damit ein gleichförmiges Abschleifen der Zahnoberfläche herbeiführen. Je besser die Läppbewegungen kombiniert sind und je feinkörniger die Schleifmasse ist, um so größer wird die Oberflächenglätte der Zähne. Bedürfen schon geschliffene Räder in manchen Fällen eines zusätzlichen Läppens, um eine ausreichende Flankenglätte zu erhalten, so ist das Läppen von Rädern für höhere Ansprüche, die mit spanabhebenden Werkzeugen verzahnt sind, geradezu unentbehrlich.

Durch das Läppen wird auch ein Ausgleich etwa vorhandener Unregelmäßigkeiten erzielt. Es wäre zwar ein Irrtum, anzunehmen, durch das Läppen könne man schlecht verzahnte Räder einwandfrei machen. Es ist unmöglich, große Teilungs- und Zahnformfehler durch Läppen zu beseitigen. Ebenso falsch wäre auch die Annahme, die Wirkungen des Läppens beschränkten sich auf ein Glätten der Flanken. Durch das Läppen werden beim Verzahnen entstandene Unebenheiten oder auf das Härten zurückzuführende Verzüge der Zähne fortgeschliffen. Kleine Teilungsfehler gleichen sich aus. Flanke und Gegenflanke werden einander angepaßt.

9.41 Arbeitsweise

In der für die Klingelnberg-Läppmaschinen kennzeichnenden Weise wird die Ritzelspindel durch einen kräftigen polumschaltbaren Motor angetrieben, während die Radspindel zur Erzeugung der für eine Läppwirkung notwendigen Flankenpressung mit einem in weitem Bereich stufenlos einstellbaren zweiten Motor gekuppelt ist. Gibt die für diesen Motor eingestellte Drehzahl dem Rad eine etwas größere Drehzahl, als sie sich aus der Drehzahl des angetriebenen Ritzels ergibt, so wird das Rad nicht mehr vom Ritzel getrieben, es liegen nicht mehr die üblicherweise treibenden Flanken, sondern die Gegenflanken an. Die Räder laufen im Schub, wie es in einer Fahrzeughinterachse der Fall ist, wenn bei der Talfahrt der Motor bremst. Ist die Raddrehzahl durch eine entsprechende Motoreinstellung umgekehrt etwas kleiner, so laufen die Räder wie im Fahrzeug bei der üblichen Fahrt im Zug. Man kann also bei gleicher Drehrichtung alle Flankenpaare zur Anlage bringen. Die eingestellte Größe des Drehzahlunterschiedes bestimmt dabei die Größe des Flankendruckes, also auch die Größe der Läppwirkung. Da diese Einstellmöglichkeiten für beide Drehrichtungen bestehen, kann außerdem der Effekt ausgenutzt werden, der sich aus der unterschiedlichen Abnutzung der aufeinander schiebenden und aufeinander gleitenden Flankenzonen ergibt. Die im Bereich des schiebenden Gleitens liegenden Fußflanken des treibenden und Kopfflanken des getriebenen Rades erfahren beim Läppen eine besonders starke Werkstoffabtragung. So kann die Höhenlage des Tragbildes auf den Flanken wirksam beeinflußt werden.

Der Eingriffsdrehung der Räder werden drei von der Radspindel ausgeführte Zusatzbewegungen überlagert. Von diesen verläuft die eine parallel zur Radachse, die zweite parallel zur Ritzelachse und die dritte

Bild 90. Kegelrad-Läppmaschine LKR 850 mit geöffneten Türen und angehobenem Deckel.

senkrecht zu einer durch beide Achsen gelegten Ebene. Die Bewegungen werden unabhängig voneinander von drei auswechselbaren Kurvenscheiben bestimmt. Ihre Größe kann von einem verstellbaren Hebelgestänge aus reguliert werden. Normal sind die Bewegungen so zueinander abgestimmt, daß ihre Resultierende in die Planradebene des Räderpaares fällt.

9.42 Aufbau der Maschine

Bild 90 zeigt die Vorderansicht einer Läppmaschine für Räder bis 850 mm Durchmesser. Auf rechtwinkelig zueinander verlaufenden Führungen des Maschinenbettes sind Rad und Ritzellagerstock verstellbar gelagert. Der Radlagerstock ist zur Tragbildkorrektur um einige Grad $\pm$ einschwenkbar. Bei dem Baumuster LKR 630 ruht er zur Einschwenkung auf Achsenwinkel von 0 bis 180° auf einer Rundführung seines Unterschlittens. Für achsversetzte Getriebe kann der Ritzellagerstock um ein ausreichendes Maß nach oben und unten versetzt werden. Der Arbeitsraum ist während des Läppens dicht verschlossen.

Der Behälter für das Läppmittel und die Läppmittelpumpe sind im Maschinenbett untergebracht, ebenso das Hydraulikaggregat. Die elektrischen Schalt- und Steuerelemente befinden sich in einem neben der Maschine aufgestellten Schaltschrank, dessen Pultplatte die Druckknöpfe, Anzeigelampen und Anzeigeinstrumente für das Läppmoment enthält.

9.43 Arbeitsablauf

Der Läppzyklus kann entweder nach einem vorgewählten Programm ablaufen oder von Hand gesteuert werden.

Bei der Standardausführung müssen die Räder von Hand gespannt und in Arbeitsstellung gefahren werden.

Bei der automatischen Ausführung wird das Ritzellager mit selbsttätiger Zahnspieleinstellung eingefahren und Rad- und Ritzelspindellager in der Arbeitsstellung festgespannt. Auch das Werkstück selbst wird automatisch gespannt.

10. Einstellen der Wälzfräsmaschine

10.1 Einstellen des Fräsers

Zum Fräsen eines rechtsspiraligen Rades wird ein linksgängiger und zum Fräsen eines linksspiraligen Rades ein rechtsgängiger Fräser benutzt. Die Stellung des Fräsers zum Planrad wurde in Abschnitt 2.33, Seite 14 beschrieben. Der den Fräser a tragende Fräskopf b, Bild 91, ist so auf der Planscheibe c der Maschine angebracht, daß er zwecks Einstellung der sog. Maschinendistanz Md exzentrisch zur Planscheibenmitte M eingestellt werden kann. Diese Einstellung erfolgt bei einigen Baumustern durch eine geradlinige, radiale Verschiebung, bei anderen durch eine Verschwenkung. Für Md gilt $Md = \dfrac{\varrho - m_n}{\cos \beta_{Fk}}$ mit β_{Fk} nach Formel 9. Nach der Einstellung von Md wird der Fräser um den Winkel β_{Fk} so verschwenkt, daß seine Mantellinie einen Kreis vom Halbmesser $\varrho - m_n$

tangiert. Die Spitze des Teilkegels muß dabei im Tangierungspunkt liegen. Um diese Bedingung zu erfüllen, ist der Fräser mit seiner Aufnahmespindel axial im Fräskopf in Richtung d verstellbar. Die körperlich nicht vorhandene Kegelspitze des Fräsers findet man mit Hilfe einer Einstellglocke e, die über die Kopfkanten des Fräsers gestreift wird. Des weiteren benutzt man ein Einstellgerät f, das mit zwei Führungszapfen in entsprechende Bohrungen des Fräskopfes gesteckt wird und an seinem vorderen Ende eine Kugel g aufweist. Der Fräser wird

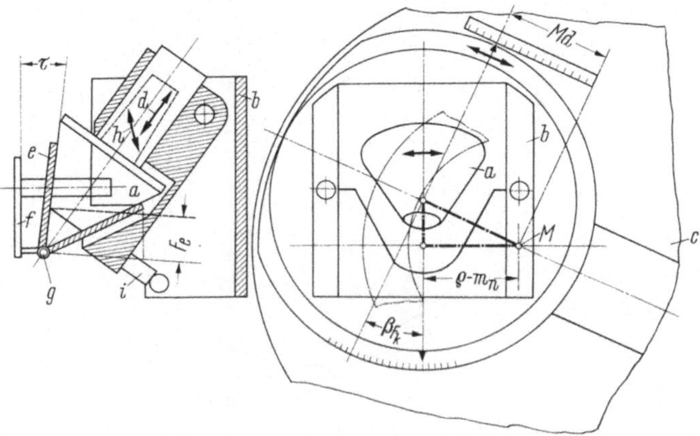

Bild 91. Einstellen des Kegelfräsers auf der Planscheibe.

so axial verschoben, daß die Kugelpfanne der Einstellglocke an der Kugel g anliegt. Damit ist die vorschriftsmäßige Lage des Fräsers auf der Planscheibe erreicht. Zuletzt muß der Fräser noch mit seiner Mantellinie aus der Ebene des Planrades verschwenkt werden, um ballige Flanken zu erzeugen. Erläuterungen dazu enthält der Abschnitt 2.34. Zur Einstellung des dort erklärten Winkels τ ist der Fräskopf in Richtung h schwenkbar. Die Größe des Schwenkwinkels τ wird durch ein entsprechendes Endmaß i bestimmt.

10.2 Einstellen des Messerkopfes

Die Stellung des Messerkopfes zum Planrad wurde in Abschnitt 2.43 beschrieben. Die Messerkopfachse wird nach Bild 92 um den Abstand Md exzentrisch zur Planradachse M eingestellt. Diese Einstellung erfolgt durch Verschwenken um die Achse a des den Messerkopf treibenden Vorgeleges. Dementsprechend wird die Maschinendistanz Md ausgedrückt durch den Messerkopfschwenkwinkel $\varDelta_M$. Dieser wird eingestellt nach einer Skala b. Wie beschrieben, liegen die Achsen der beiden Messerkopfhälften exzentrisch zueinander, um eine ballige Flankenanlage zu erzielen. Die Größe der Exzentrizität bestimmt die Größe der Balligkeit.

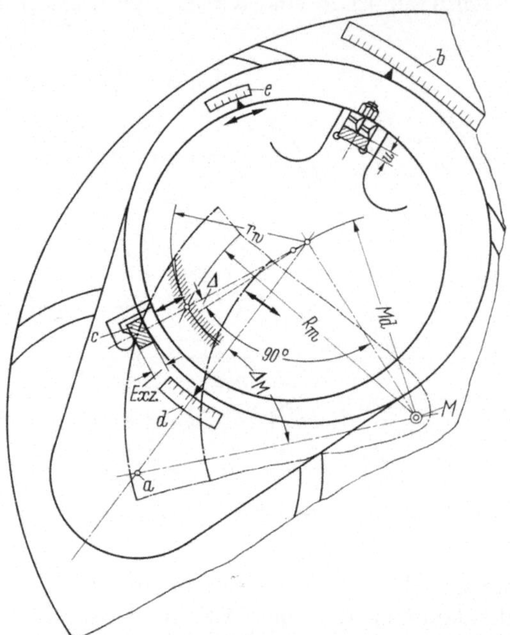

Bild 92. Einstellen des Messerkopfes auf der Planscheibe.

Sie wird durch ein Endmaß c eingestellt. Die Lage des Ballens auf den Zahnflanken, ob mehr zum großen oder zum kleinen Raddurchmesser hin, wird durch das Einstellen eines Winkels $\varDelta$ bestimmt. Eine Verbindungslinie durch die Mitten der beiden Messerkopfhälften und einer Linie Md schließt den Winkel $90° \pm \varDelta$ ein. Dieser Winkel wird nach der Skala d eingestellt.

Sind die Winkelabstände zwischen den aufeinanderfolgenden Innen- und Außenmessern der beiden Messerkopfteile einander gleich, so werden am geschnittenen Rad Zahnlücke und Zahnstärke gleich groß. Unterschiedliche Lückenweiten erhält man bei den kleinen Maschinen (FK 41 A) durch Verdrehen der Messerkopfhälften gegeneinander, einstellbar an der Skala *e*. Bei den großen Maschinen wird die Zahndickeneinstellung mit durch die Unterlegplatten bewirkt.

Die Exzentrizität der Messerkopfhälften bedingt einen entsprechenden Unterschied in den Flugkreisradien r_w der Messer in den beiden Hälften. Dieser wird berücksichtigt durch das Einlegen von endmaßgenauen Unterlegplatten *u*, die mit den Messern festgespannt werden. An dieser Stelle werden auch vorher bestimmte und bereitgehaltene Unterlegplatten eingesetzt, die eine Lageveränderung der Messerschneiden durch Nachschliff berücksichtigen.

10.3 Einstellen des zu verzahnenden Radkörpers

Nach Bild 93 wird der zu verzahnende Radkörper nach zwei Richtungen eingestellt:

1. Einschwenken des Werkstückspindelstockes *a* mit dem ihn tragenden Rundsupport in den Kegelwinkel δ_p oder δ_0. Die Einstellung wird abgelesen an der Skala *b*.

2. Einstellen des zu verzahnenden Radkörpers auf die richtige Kegeldistanz, d. h. auf den richtigen Abstand der inneren oder äußeren Kegelkante von der Planradmitte. Diese Einstellung erfolgt durch Verschieben des Werkstückträgers auf dem Rundsupport. Zum Einstellen dient ein Maßstab *c*, der in einem an dem

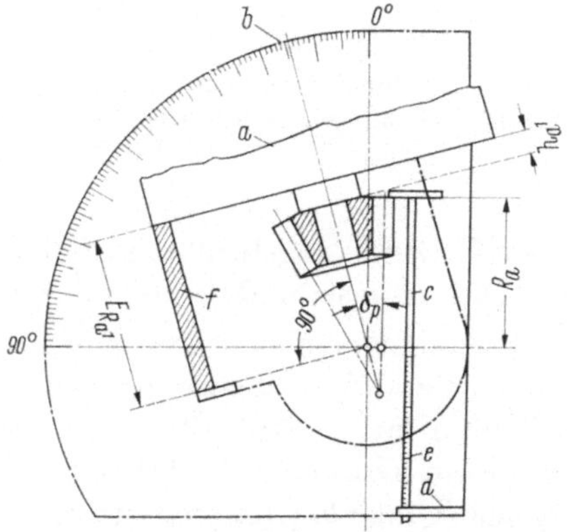

Bild 93. Einstellen des zu verzahnenden Radkörpers.

Maschinengehäuse befestigten Halter *d* geführt ist. Die Kegeldistanz wird an einer Skala *e* abgelesen.

Eine besonders zuverlässige und deshalb in der Regel angewandte Einstellung des zu verzahnenden Rades in der Maschine wird erreicht, wenn man von der Einbaustellung ausgeht. Vielfach, wie auch in Bild 93, wird die Einbaulage bestimmt durch die Rückenfläche des Rades, die an der Stirnfläche des Lagers anliegt.

Von dieser Einbaulage aus erfolgt die Einstellung des Rades in der Maschine mit Hilfe eines Endmaßes f. Die Höhe dieses Endmaßes entspricht dem Einbaumaß, vergrößert um die Höhe $h_{a1,2}$ des Rades, wie es aus Bild 93 zu entnehmen ist.

Für Palloid-Räder gelten die folgenden Regeln:

Zeigt sich beim Einstellen der Maschine, daß die Tragbilder zu nahe am kleinen oder großen Durchmesser des Radkörpers liegen, so wird der Einstellkegelwinkel beim Fräsen des Ritzels um 5 bis 10′ vergrößert oder verkleinert.

Vergrößerte Kegelwinkeleinstellung verschiebt das Tragbild zum großen Durchmesser und vergrößert seine Schräglage (Bild 94).

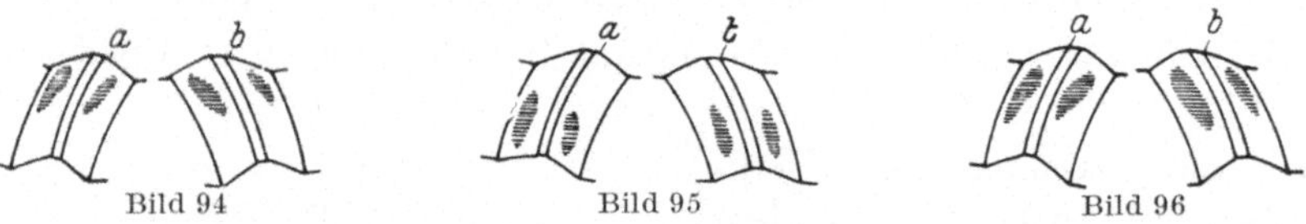

Bilder 94 bis 96. Beobachtung der Tragbilder beim Probefräsen.
Bild 94. Tragbild am großen Durchmesser.　Bild 95. Tragbild am kleinen Durchmesser.
Bild 96. Gute Tragbilder.

Verkleinerte Kegelwinkeleinstellung verschiebt das Tragbild zum kleinen Durchmesser und vermindert die Schräglage des Tragbildes (Bild 95).

Ganz allgemein ist schon beim Fräsen des ersten Radpaares besonders auf einwandfreies Flankentragen zu achten. Schlecht gefräste Räder erfordern lange Läppzeiten und sind auch durch langes Läppen nicht restlos in Ordnung zu bringen. An Zyklo-Palloid-Rädern bedarf es solcher Winkelkorrekturen nicht.

11. Konstruktion der Räder

11.1 Wahl der Spiralrichtung und des Eingriffswinkels

Es ist gebräuchlich, die *Spiralrichtung* der Klingelnberg-Spiralkegelräder so zu wählen, daß die hohlen Zahnflanken treiben. Hat das treibende Rad wechselnden Drehsinn, so kann diese Forderung freilich nicht restlos erfüllt werden. In diesem Fall wird diejenige Zahnseite hohl geformt, die hauptsächlich treibt. (Wenn freie Wahl, erhält das Ritzel Linksspirale.)

11.2 Äußere Gestaltung der Zähne

Bei der äußeren Gestaltung der Zähne ist folgendes zu beachten:

Die Zähne von Klingelnberg-Spiralkegelrädern sind innen und außen gleich hoch. Infolgedessen sind die Kopf- und Teilkegelwinkel gleich groß.

Wie allgemein bei Kegelrädern gebräuchlich, verlaufen die Stirnflächen a in Bild 97 der Zähne im Regelfalle rechtwinklig zum Kopfkegelmantel. Man läßt meist die Stirnflächen des einen Rades mit den Stirnflächen des Gegenrades abschneiden. Häufig weicht man aber auch aus baulichen oder fabrikationstechnischen Gründen von dieser Regel ab. Die Bilder 97 bis 102 bieten dafür einige Beispiele.

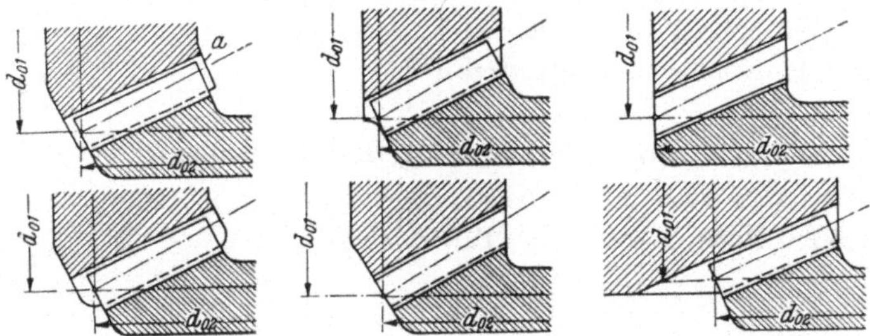

Bilder 97 bis 102. Häufig vorkommende Zahnformen.

Verzahnungstechnisch ist gegen derartige Maßnahmen nichts einzuwenden. Bei der Bemaßung ist in jedem Falle von den Teilkreisen d_{o1} und d_{o2} auszugehen. Zu beachten ist ferner, daß Gewähr für einwandfreie Einstellung der Wälzfräsmaschine mittels Maßstab nur die rechtwinklige Stirnfläche bietet, was ohne weiteres einleuchtet, wenn man sich die Art der Einstellung vergegenwärtigt (s. Bild 93). Sind die Stirnflächen der Zähne anders gestaltet, so verwendet man zweckmäßig für das Einstellen der Maschine Endmaße, wie ebenfalls aus Bild 93 zu entnehmen.

Die Zahngestaltung nach Bild 102 wird vielfach gewählt, wenn die Zähne des fliegend angeordneten Ritzels aus der Welle herausgefräst werden. Über die Frage, ob ein solcher Zahn oder ein abgesetzter Zahn eine größere Dauerhaltbarkeit gewährleistet, gibt ein Untersuchungsbericht „Dauerhaltbarkeit von Ritzelwellen" von Dr. ERNST LEHR, Z. VDI Bd. 81 (1937) S. 117, eine ausführliche Auskunft. Das Ergebnis der im Staatlichen Materialprüfungsamt Berlin-Dahlem gemachten Unter-

suchungen, die sich auf Geradzahnkegelräder bezogen, wird in diesem
Bericht wie folgt zusammengefaßt:

„Die Versuche zeigen, daß der Zahndruck, den eine Ritzelwelle der
genannten Abmessungen (35 mm Ritzelwellendurchmesser) mit durch-
gefrästen Zähnen auszuhalten vermag, 790 kp beträgt, während die
Ritzelwelle mit Hinterdrehung am Auslauf der Zähne im Grenzfall nur
einen Zahndruck von 545 kp auf die Dauer zu ertragen vermag. Wird
das höchste praktisch vorkommende Drehmoment von 775 kp/cm entsprechend einem Zahndruck von 575 kp von der Welle übertragen, so
würde bei der Ausführungsform mit Hinterdrehung die Grenze der Dauerhaltbarkeit überschritten werden. Durch die Versuche ist die gestellte
Frage eindeutig zugunsten der Ritzelwelle mit durchlaufenden Zähnen
dahin geklärt, daß diese eine um 45% höhere Dauerhaltbarkeit besitzt
als die Ritzelwelle mit Hinterdrehung.“

11.3 Maßeintragung und Toleranzen

Die in dem Abschnitt „Berechnung der Hauptabmessungen“ (2.5, 2.6)
ermittelten Maße dienen zum Teil nur als Grundlage zur Bestimmung

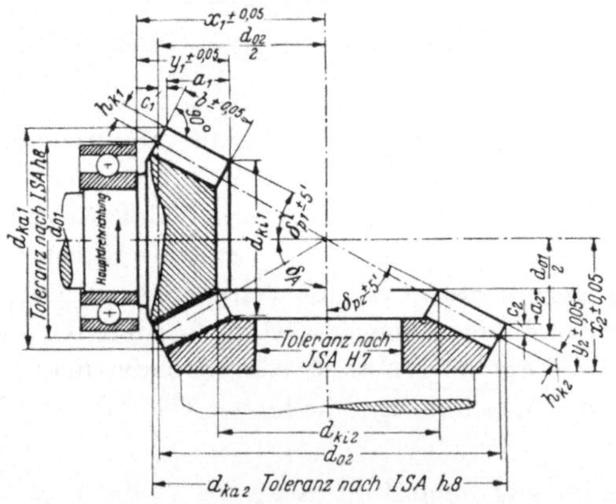

Bild 103. Bemaßung und Tolerierung eines Kegelradpaares.

der bei der Bearbeitung wichtigen Abmessungen. Sie brauchen selbst
nicht alle in die Werkstattzeichnung eingetragen zu werden. Als Richtlinie für die zweckmäßige Bemaßung der Werkstattzeichnung dient
Bild 103.

In dieses Bild sind als Richtwerte auch diejenigen Toleranzen eingetragen, die bei höheren Anforderungen an die Räder zu empfehlen sind.

Hinsichtlich der Tolerierung ist stets davon auszugehen, daß es hier in der Hauptsache darauf ankommt, den Abstand von der Anlagefläche des Rades bis zu derjenigen Kante des Zahnkranzes genau einzuhalten, nach der das Rad auf der Wälzfräsmaschine eingestellt wird. So ist z. B. eine enge Tolerierung des Radaußendurchmessers an sich nicht erforderlich, weil ja das verhältnismäßig große Kopfspiel gewisse Abweichungen zuläßt.

Wichtig ist aber das genaue Einhalten des Durchmessers für das Einstellen der Maschine. Stellt man die Maschine nicht nach den zu verzahnenden Radkörpern, sondern nach Meisterrädern oder Endmaßen ein, so sind unter Umständen größere Abweichungen zulässig.

Für den Rund- und Planlauf sowie für die Einbautoleranzen gelten bei höheren Ansprüchen folgende Richtwerte:

Berechnungstafel 18. *Rund- und Planlauftoleranzen für Räder bis 600 mm* $\varnothing$.

	Prüffläche	Vor dem Verzahnen und Härten	Nach dem Härten
A	Umfang	0,02 mm	bis 300 $\varnothing$ bis 0,05 mm über 300 $\varnothing$ bis 0,12 mm
B	Planfläche	0,02 mm	bis 300 $\varnothing$ bis 0,05 mm über 300 $\varnothing$ bis 0,12 mm

Berechnungstafel 19. *Einbautoleranzen für Räder bis 600 mm* $\varnothing$.

Zulässige Beweglichkeit der Kegelräder in Längs- und Querrichtung ihrer Achsen:
$$\text{bis Normalmodul } 2 = 0{,}05 \text{ mm}$$
$$\text{über Normalmodul } 2 = 0{,}1 \quad \text{mm}$$
Zulässiges Abbiegen des Tellerrades vom Ritzel:
$$\text{bis Normalmodul } 2 = 0{,}1 \quad \text{mm}$$
$$\text{über Normalmodul } 2 = 0{,}2 \quad \text{mm}$$
Verdrehflankenspiel:
$$\text{bis Normalmodul } 2 = \sim 0{,}05 \text{ bis } 0{,}11 \text{ mm}$$
$$\text{über Normalmodul } 2 = \sim 0{,}2 \quad \text{mm}$$

11.4 Schmierung

Die Zähne von Palloid-Spiralkegelrädern werden in der Regel stetig geschmiert.

Für geringe Zahngeschwindigkeiten reicht eine Fettschmierung aus. Sie hat den Vorzug, daß sie keine besonderen Anforderungen an die

Abdichtung des Gehäuses stellt. Es ist ein Fett zu wählen, das bei der Betriebstemperatur so weit flüssig wird, daß die an die Gehäusewand geschleuderten Mengen zum Sumpf zurücklaufen. Andernfalls besteht die Gefahr, daß ein Hohlraum in das Fett eingegraben wird und die Zähne nicht mehr mit dem Fett in Berührung kommen.

Im allgemeinen, ganz besonders aber für größere Geschwindigkeiten, empfiehlt sich eine Ölschmierung. Für eine Zahngeschwindigkeit bis etwa 10 m/s reicht eine drucklose Ölschmierung aus. Bei noch größeren Geschwindigkeiten wird das Öl zweckmäßig unter Druck zugeführt.

Die Schmierung von Schraubenkegelrädern erfordert besondere Beachtung. Darauf geht der Abschnitt „Schraubenkegelräder", Seite 49, näher ein.

Neben einer ausreichenden Schmierung der Räder muß auch die Schmierung der Lager sorgfältig beachtet werden. Das gilt ganz besonders für Kegelrollenlager. Hoch beanspruchte Kegelrollenlager werden zweckmäßig durch den vom Tellerrad in Umlauf gebrachten Ölstrom laufend geschmiert, für den dann besondere Zuleitungskanäle vorgesehen werden. Auch Ableitungskanäle dürfen nicht vergessen werden.

12. Prüfen der verzahnten Räder

12.1 Kontrolle der Einbaumaße

Beim serienmäßigen Einbau von Kegelrädern kommt es darauf an, daß alle Räder innerhalb vorgeschriebener Grenzen den gleichen Abstand vom Schnittpunkt der Achsen bis zur Stirnanlage des Kegelrades haben. Der Bestimmung und Kontrolle dieses Einbaumaßes dienen verschiedene Geräte.

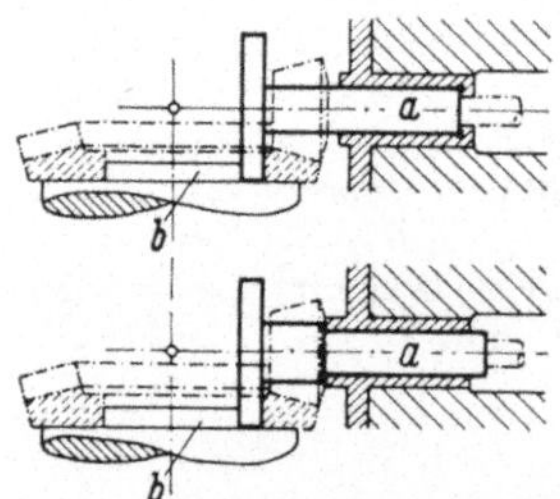

Bild 104. Das Einstellen der Prüf- und Läppmaschine mittels Kaliber. Die Radspindeln werden so eingestellt, daß sich die Stirnfläche des Kalibers a an dem Zentriersatz b der Tellerradaufnahme und der Umfang das Kaliber an der Stirnfläche der Tellerradaufnahmen abstützt.

Zum Einstellen der Abrollprüfmaschine nach den vorgeschriebenen Einbaumaßen verwendet man Kaliber, wie sie in Bild 104 dargestellt sind. Die Wirkungsweise der Kaliber ist aus dem Bild ohne weiteres zu erkennen. Nimmt man nun beim Verzahnen einzelne Radsätze stichprobenweise auf die so eingestellte Prüfmaschine, so zeigt ein Abrollen der Räder, ob sie in der Getriebestellung einwandfrei laufen werden. Die gleichen Kaliber verwendet man auch zum Einstellen der Läppmaschine. Die Kaliber müssen in der Spindelbohrung stets an der Fläche anliegen, an der sich auch das Ritzel abstützt (vgl. die obere und untere Bildhälfte).

Bild 105

Bild 106   Bild 107   Bild 108

Bilder 105 bis 108. Gerät zur Kontrolle des Einbaumaßes.
Bilder 105, 106 auf der Prüf- und Läppmaschine. Bilder 107, 108 im Differentialgehäuse eines Kraftwagens. *a* Ritzel, *b* Spindelkopf der Läppmaschine, *c* Differentialgehäuse, *d* Prüfgerät, *e* Zentrierscheibe, *f* Feinmeßuhr, *g* Führungsdorn für die Läppmaschine, *h* Führungsdorn für das Differentialgehäuse, *i* Anschlag zum Justieren des Gerätes.
Bei einem Vergleich der Prüfgeräte ist zu beachten, daß die Darstellung der größeren Anschaulichkeit halber vereinfacht wurde. Es handelt sich in allen Bildern um das gleiche Gerät.

Im Kraftwagenbau kontrolliert man die richtige Einbaudistanz vielfach auch mit einem Gerät nach den Bildern 105 bis 108. Bild 106 zeigt das Ritzel *a*, eingesetzt in den Spindelkopf *b* einer Geräuschprüf- oder Läppmaschine und Bild 107 in das Differentialgehäuse *c* eines Kraftwagens.

Es kommt darauf an, daß beide Einstellungen übereinstimmen. Das wird mit dem Gerät *d* kontrolliert. Das Gerät besteht aus einer ringförmigen Zentrierscheibe *e* und einer Feinmeßuhr *f*. Die Zentrierscheibe wird bei der Läpp- und Geräuschprüfmaschine auf einen am Aufnahmeflansch für das Tellerrad befestigten Dorn *g* und den beim Differentialgehäuse auf einen in den Lagerbohrungen der Hinterachse geführten Dorn *h* gesteckt. Justiert wird die Stellung der Meßuhr durch ein winkelförmiges Anschlagstück *i*. Der Abstand der Paßfläche dieses Anschlagstückes von der Achse des Tellerrades entspricht dem Sollmaß: Stirnfläche des Ritzels bis Mitte Tellerrad.

12.2 Kontrolle der gemeinsamen Zahnhöhe

Die Kontrolle der richtigen Einbaumaße mittels Kaliber setzt natürlich die Anfertigung großer Mengen gleichartiger Räder voraus. Bei der Einzelfertigung kontrolliert man zweckmäßig die gemeinsame Zahnhöhe *h* (Bilder 109 bis 111), weil auch das gleichmäßige Einhalten der Zahnhöhe eine Voraussetzung für das Einhalten der richtigen Einbaumaße ist.

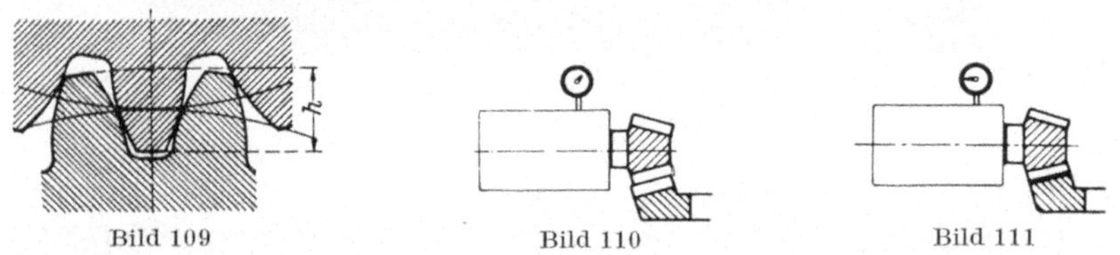

Bild 109   Bild 110   Bild 111

Bilder 109 bis 111. Kontrolle der gemeinsamen Zahnhöhe.
Zunächst läßt man die Räder mit ihren Kopfflächen anliegen (Bild 110) und bringt sie dann in richtigen Eingriff. Aus der Größe der Verschiebung läßt sich die gemeinsame Zahnhöhe bestimmen.

Ergibt die Kontrolle eine zu kleine gemeinsame Zahnhöhe, so sind bei gleich großen Rädern beide, bei verschieden großen Rädern das kleinere des Radpaares tiefer zu schneiden.

Da die Zähne der Klingelnberg-Spiralkegelräder über ihre ganze Länge gleich hoch sind, kann die gemeinsame Zahnhöhe sehr leicht nach dem in den Bildern 110 und 111 veranschaulichten Verfahren festgestellt werden.

Man stellt die Räder zunächst auf der Prüf- oder Läppmaschine auf richtige Zahnanlage ein (Bild 111). Dann zieht man das Ritzellager so weit zurück, daß sich die Zähne der beiden Räder mit ihren Köpfen berühren (Bild 110). Bei richtiger gemeinsamer Zahnhöhe muß dann die von der Meßuhr angezeigte Verschiebung V des Ritzellagers den Wert ergeben:

$$V = \frac{2 \cdot m_n}{\cos \delta_{p1}} \, .$$

12.3 Kontrolle der äußeren Radabmessungen, soweit sie unmittelbar mit der Verzahnung zusammenhängen

Verzahnung und Laufflächen müssen gleichmittig sein. Oft werden die Kegelräder während der Bearbeitung am Umfang und im Betrieb mit der Bohrung aufgenommen; dann müssen auch Umfang und Bohrung gleichmittig sein.

Die Gleichmittigkeit des Radumfanges mit seiner Bohrung wird vielfach mit dem in Bild 112 dargestellten Gerät geprüft. Die Wirkungsweise des Gerätes ist aus dem Bild ohne weiteres zu erkennen.

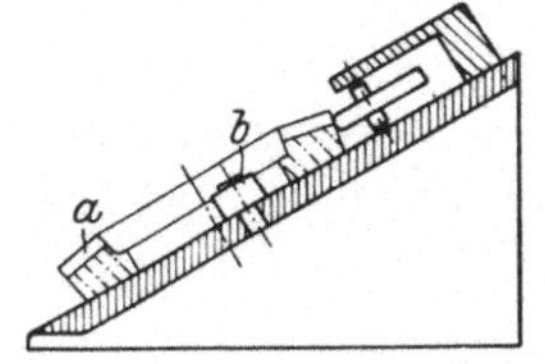

12.4 Messen des Flankenspiels

Nach DIN 3960 versteht man unter Eingriffsflankenspiel den auf der Eingrifflinie vorhandenen Abstand zweier Rechtsflanken eines kämmenden Räderpaares, dessen Linksflanken außerhalb des Bereiches des Flankeneintrittsspieles aneinanderliegen. Wird vom Flankenspiel schlechthin gesprochen, so ist

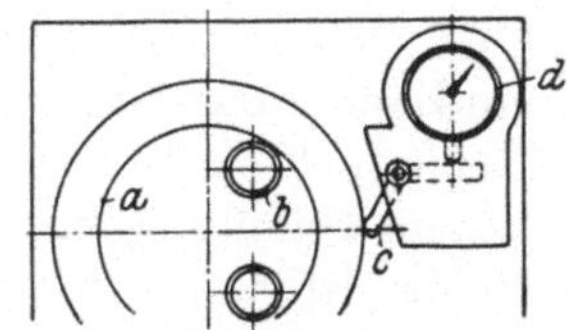

Bild 112. Gerät zur Kontrolle des Rundlaufs. *a* Tellerrand, *b* auf Kugeln laufende Führungsrollen, *c* Taster, *d* Feinmeßuhr.

darunter stets das Eingriffsflankenspiel zu verstehen. Ausdrücklich hiervon zu unterscheiden ist das ,,Verdrehungsflankenspiel", d. i. die Länge des Wälzkreisbogens zwischen den oben festgelegten Flanken.

Vom Standpunkt der Verzahnung interessiert hauptsächlich das Eingriffsflankenspiel, vom Standpunkt der Konstruktion das Verdrehungsflankenspiel, denn dem Konstrukteur kommt es darauf an, festzulegen, um welches Bogenmaß sich die Wälzkreise der Räder drehen dürfen, bevor die Gegenflanken zur Anlage kommen.

Das Verdrehungsflankenspiel kann auf der Prüf- und Läppmaschine leicht festgestellt werden. Dort kann ein federnd in Hochlage gehaltener zweiarmiger Schleppzeiger mit seinem einen Arm auf den Aufnahmeflansch für das eine Kegelrad des zu prüfenden Radpaares gesenkt werden. Dreht man nun dieses Rad um den Betrag des Flankenspieles hin und her, so zeigt eine mit dem zweiten Arm des Schleppzeigers verbundene Feinmeßuhr das Verdrehungsspiel der Räder an.

12.5 Kontrolle der Lückenweite

Unterschiede in der Lückenweite haben ihre Ursache in erster Linie darin, daß die Verzahnung Plan- oder Rundlaufschlag hat. Auch Härteverzüge werden durch die Kontrolle der Lückenweite ermittelt.

Die Zahnlückenweite-Kontrolle ist auch als Vergleichsmessung ein einfaches Mittel, schon beim Verzahnen, also auf der Fräsmaschine, festzustellen, ob die Zahnlücken die richtige Tiefe haben, die vorhanden sein muß, um die vorgeschriebene Einbaudistanz einzuhalten. Geräte für diese Messung werden auf den Umfang des Radaufnahmeflansches der Fräsmaschine gesetzt. Zur Justierung der Geräte benutzt man Meisterräder.

12.6 Messen der Teilung

An Zahnrädern ist zu unterscheiden zwischen Teilkreis- und Eingriffsteilfehlern. Vom Teilkreisteilungsfehler kommen dem Summenteilfehler und dem Teilungssprung besondere Bedeutung zu. Unter dem Summenteilfehler ist der Unterschied der Summe von n aufeinanderfolgenden Teilungen von ihrem Sollwert $n \cdot t$ zu verstehen. Mit Teilungssprung bezeichnet man die Ungleichmäßigkeit der Teilung, d. h. die Abweichungen der aufeinanderfolgenden Teilungen voneinander.

Der Summenteilungsfehler kann in einer Winkelmessung mit Theodolit und Kollimator ermittelt werden.

Die Messung des Teilungssprunges erfolgt mit einem Zusatzgerät zu dem Klingelnberg-Kegelrad-Wälzprüfgerät, das weiter unten noch beschrieben wird. Dieses Zusatzgerät arbeitet mit zwei Fühlhebeln, die auf eine beliebige erste Teilung des Rades auf Null eingestellt werden können. Dann wird der das Zusatzgerät tragende Tisch herausgeschwenkt, das Rad um eine Teilung weitergeteilt und die Fühlhebel wieder in Eingriff gebracht. Nach Verdrehen des Rades, bis einer der Fühlhebel Null zeigt, wird die Abweichung der zweiten Teilung von der ersten am anderen Fühlhebel abgelesen und so fort. Mit dem beschriebenen Gerät wird der Teilungssprung senkrecht zum Zahn (Normalteilung) gemessen. Die Fehler in Umfangsrichtung des Rades ergeben sich daraus durch Dividieren mit dem Kosinus des Spiralwinkels β.

Aus den Fehlern des Teilungssprunges in Umfangsrichtung des Rades kann auch der Summenteilfehler errechnet werden, wenn man zunächst die Meßwerte sämtlicher Teilungssprünge addiert und diese durch die Zahl der Teilungen teilt. Das Ergebnis stellt den Mittelwert der Meßwerte dar, z. B. Summe der Meßwerte $+$ 48, Anzahl der Teilungen 24, Mittelwert $+$ 48:24 $= +$ 2. Der Einzelteilfehler jeder Teilung wird dadurch gefunden, daß man den Mittelwert vom jeweiligen Meßwert abzieht, z. B. Meßwert $=$ 0, Mittelwert $= +$ 2, Einzelteilfehler $= 0 - (+ 2) = - 2$. Aus den Einzelteilfehlern wird der Summenteilfehler durch Addition gefunden, z. B. Einzelteilfehler von drei aufeinanderfolgenden Teilungen: $- 2$, $+ 3$, $+ 5$, Summenteilfehler $= + 6$. Werden die Summenteilfehler in einem Diagramm niedergelegt, so bezeichnet man den Abstand vom größten Pluswert zum größten Minuswert als Gesamtteilfehler.

12.7 Zweiflanken-Wälzprüfung

Zuverlässigen Aufschluß über die Laufeigenschaften der Spiralkegelräder, wie der Kegelräder überhaupt, bietet die Tragbildkontrolle, d. h. eine Kontrolle der Flankenanlage. Man bringt die beiden zu prüfenden Räder eines Radpaares in der Getriebestellung, also mit dem vorgesehenen Flankenspiel, in Eingriff. Die Anlageflächen, die sog. Tragbilder, werden dann durch Antuschieren der Flanken der umlaufenden Räder sichtbar gemacht.

Hat man sich von der einwandfreien Gestaltung des Tragbildes in der vorgeschriebenen Einbaustellung überzeugt oder die hinsichtlich der Tragbildgestaltung günstigste Einbaustellung ermittelt, so folgt die Wälzprüfung, und zwar entweder als Abhörprüfung auf der Geräuschprüfmaschine oder als Achsenwinkelprüfung auf dem Zweiflanken-Wälzprüfgerät für Kegelräder.

Das nach dem Pendelprüfverfahren von der Firma Klingelnberg für Kegelräder besonders durchgebildete Zweiflanken-Abrollprüfgerät (Bild 113) entspricht der Natur der Kegelradprüfung in seinem grundsätzlichen Aufbau insofern, als die Fehleranzeige durch eine Pendelbewegung um die Teilkegelspitze erfolgt, wobei die volle Flankenanlage trotz des spiel-

freien Laufes, unter dem diese Prüfung erfolgt, erhalten bleibt. Die beim
Wälzen auftretenden Änderungen im Achsenwinkel werden von einer
Feinmeßuhr angezeigt; sie werden außerdem als Kreisdiagramm selbst-
schreibend aufgezeichnet.

Bild 113. Zweiflanken-Wälzprüfung von Kegelrädern auf der Klingelnberg-Zahnrad-Prüf-
maschine PZ 375. Die Räder pendeln bei etwaigen Verzahnungsfehlern um die Kegelspitze.

12.8 Einflankenwälzprüfung nach dem seismischen Prinzip

Im praktischen Betrieb liegen nicht beide Flanken eines Zahnes
gleichzeitig an, wie bei der Zweiflankenwälzprüfung, sondern zufolge des
Flankenspieles nur die Rechts- oder Linksflanken. Der Wirklichkeit
besser entsprechend, allerdings auch aufwendiger, ist deshalb eine Ein-
flankenwälzprüfung.

Mit dem bei Prof. OPITZ an der Technischen Hochschule Aachen entwickelten seismischen Ungleichförmigkeitsmeßgerät wurde ein Mittel
geschaffen, diese seit Jahrzehnten bestehenden Probleme der Einflanken-
prüfung auf elegante Art zu lösen. Mit einer von KLINGELNBERG dazu
auf das Messen von Kegelrädern spezialisierten Einrichtung, Bild 114,
ist es möglich, in kürzester Zeit die Gleichförmigkeit der Geschwindig-
keitsübertragung unter leichter Belastung mit Drehzahlen bis zu maximal etwa 1000 U/min des antreibendenRades zu prüfen.

Bild 114. Laufprüfung nach dem seismischen Prinzip (Entwickelt von Prof. OPITZ, Aachen).

Bild 115. Prüfstand für Spiralkegelräder, den Betriebsbedingungen der Kraftwagen angepaßt.

12.9 Abhör- und Laufprüfung bei betriebsmäßigen Drehzahlen

Wie oben schon angedeutet, besteht eine weitere Art der Kegelradprüfung darin, sie in der betriebsmäßigen Stellung und mit den Drehzahlen des praktischen Betriebes laufen zu lassen und die Güte der Räder nach dem Geräusch zu beurteilen. Die Stärke des Geräusches wird vielfach durch einfaches Abhören, in manchen Fällen aber auch durch Schallmeß- oder Schwingungsmeßeinrichtungen bestimmt.

Die Prüfung erfolgt entweder auf einer besonderen, mit möglichst geräuschlos laufenden Lagern und stufenloser Drehzahlregelung versehenen Maschine, der Geräuschprüfmaschine, oder auf einem dem Sonderfall angepaßten Laufprüfstand.

Einen derartigen Prüfstand, und zwar den Betriebsverhältnissen der Kraftwagen angepaßt, zeigt Bild 115. Der Antriebsmotor ist im Nebenraum aufgestellt, um möglichst Nebengeräusche auszuschalten.

12.10 Prüfung auf Tragfähigkeit

Ein Versuchsstand zur Bestimmung der Tragfähigkeit von Kegelrädern ist in Bild 116 dargestellt. Dieser Versuchsstand arbeitet nach dem für die Prüfung von Zahnrädern erstmalig von H. GROB (Bestimmung des Wirkungsgrades von Zahnrädern, Z. VDI Bd. 55 (1911) Nr. 34, S. 1435)

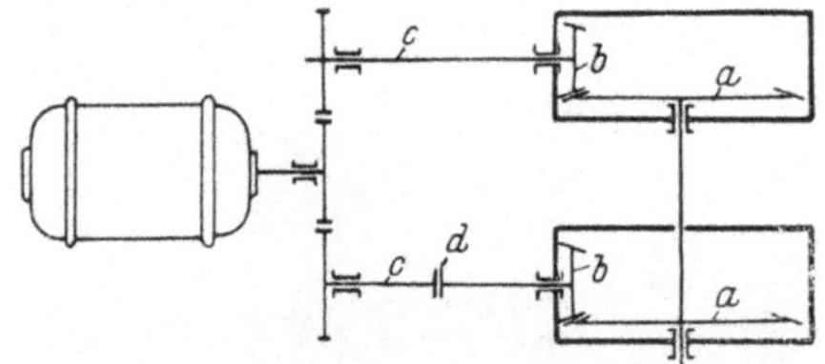

Bild 116. Prüfstand für Kegelräder nach dem Energiekreislaufverfahren. Zwei zu vergleichende Kegelradpaare mit den Rädern a und b, c Federwellen, d Scheibenkupplung.

angegebenen Energiekreislaufverfahren. Dieses Verfahren gestattet im Gegensatz zum Energiedurchlaufverfahren eine Kleinhaltung des Antriebsmotors und damit der Arbeitsenergie, da dieser nur die Reibungskräfte der Zahnräder, Lager usw. zu überwinden hat, während die Belastung der Zahnflanken durch Verspannung federnder Wellen aufgebracht wird.

Auf der Maschine laufen gleichzeitig zwei Getriebe mit je einem Räderpaar a und b, die mittels zweier elastischer Wellen miteinander verbunden sind. Entweder können beide Getriebe aus Prüflingen bestehen, dann handelt es sich um einen Vergleichsversuch, oder nur das eine Getriebe besteht aus Prüfrädern, nämlich dann, wenn eine Einzeluntersuchung zweckmäßig erscheint. In diesem Falle haben die Räder des zweiten Getriebes lediglich die Aufgabe, die Energie zurückzuleiten. Sie werden größer und übertragungsfähiger ausgeführt als die Prüflinge, um die Beanspruchung und Abnutzung gering zu halten.

Die Erzeugung der konstanten Belastung erfolgt durch Verspannen der beiden Federwellen c an der Flanschkupplung d. Dazu werden die Kupplungshälften gelöst und dann durch Verdrehen der einen Flanschhälfte mittels eines durch Gewichte belasteten Hebels die Kupplungshälften gegeneinander verspannt. Diese Verspannung erzeugt auf den Flanken der Kegelräder einen bestimmten Zahndruck. Werden die verspannten Kupplungshälften fest miteinander verschraubt und danach Gewichte und Hebel entfernt, so bleibt die Verspannung der beiden federnden Wellen und damit auch die Flankenbelastung erhalten. Die Verspannung kann auch während des Laufes durch ein Planetengetriebe vorgenommen werden.

13. Lagerung von Spiralkegelrädern
13.1 Berücksichtigung des Axialschubes

Bei geradverzahnten Kegelrädern ist der Axialschub stets von der Kegelspitze weg auf das Rad zu gerichtet. Bei Spiralzahn-Kegelrädern hängt die Richtung des Axialschubes nicht nur vom Kegelwinkel und vom Eingriffswinkel, sondern auch vom Spiralwinkel ab. Der Axialschub kann bei diesen Rädern auf die Kegelspitze zu oder von ihr weg gerichtet sein. Seine Berechnung erfolgt nach den früher gebrachten Gleichungen. Die Richtung des Axialschubes ergibt sich nach diesen Formeln aus dem Vorzeichen des Lösungsergebnisses. Bei rein konstruktiven Arbeiten, bei denen es nur auf diese und nicht auf die Größe des Axialschubes ankommt, kann man, wenn die Kegelwinkel, Drehrichtung und Spiralrichtung gegeben sind, die Druckrichtung unmittelbar der Berechnungstafel 15, Seite 68 entnehmen. Wie man dabei vorzugehen hat, ist dort in der Bildunterschrift erläutert.

Die Richtung des Axialschubes ist möglichst so zu legen, daß der Schub von starren und unnachgiebigen Teilen der Lagernaben aufgenommen wird. Durch die Wahl einer entsprechenden Spiral- oder Drehrichtung, wie auch durch die Anordnung des betreffenden Radkörpers auf der rechten oder linken Seite des Achsschnittpunktes ist in den meisten Fällen die Möglichkeit gegeben, diese Richtlinien zu beachten.

Bei Ritzeln wird die Anordnung möglichst so getroffen, daß die Axialschübe von der Kegelspitze weg gerichtet sind.

Bei mehreren Kegelrädern auf einer Welle vermeidet man einen voll-
kommenen Ausgleich der Axialschübe. Diese Bedingung ist in Bild 117
dadurch erfüllt, daß die Axialschübe der beiden Kegelradgetriebe entgegengesetzt gerichtet und verschieden groß sind. Es herrscht ganz eindeutig ein Druck in einer Achsrichtung.

Treten bei ausgeglichenen Axialschüben auch nur geringe Belastungsschwankungen auf, so besteht die Gefahr, daß die Welle um den Betrag
ihres Axialspieles hin und her wandert.

Eine wechselnde Drehrichtung der Welle erfordert Lager, die zur
Druckaufnahme in beiden Achsrichtungen geeignet sind. Eine Ausnahme
bilden hier die großen Räder von Getrieben mit einem Übersetzungsverhältnis größer als 1 : 2. Diese üben auch bei wechselnder Drehrichtung
einen gleichgerichteten Axialdruck aus.

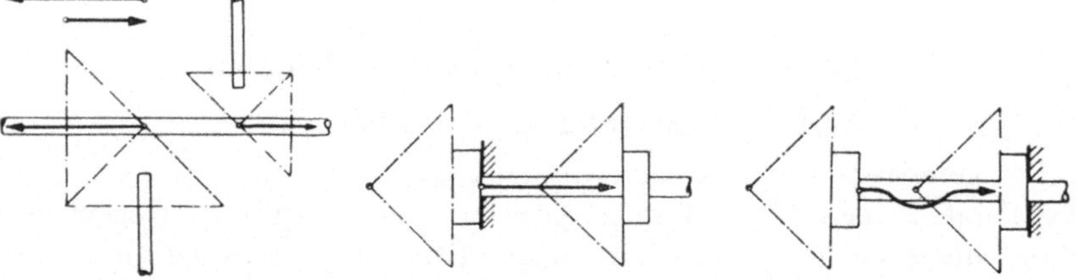

Bild 117. Verminderung der
gesamten   Lagerbelastung
durch entgegengesetzt gerichtete Axialschübe.

Bild 118. Die axiale Abstützung der Welle ist so gelegt,
daß die Welle auf Zug beansprucht wird. Günstig!

Bild 119. Die Welle wird
durch ungünstige axiale Abstützung auf Druck beansprucht.

Ferner ist zu beachten, daß die Axialschübe einer Welle nur an einer
Stelle aufgenommen werden sollten, und zwar möglichst nahe dem Rad
mit dem größten Axialschub.

Bei längeren Wellenenden ist es außerdem wichtig, die Welle so axial
festzulegen, daß Druckbeanspruchungen vermieden werden; Beanspruchungen auf Zug sind vorzuziehen. Ein Beispiel dazu bringen die
Bilder 118 und 119; Bild 118 zeigt eine zweckmäßige und Bild 119 eine
unzweckmäßige Lagerung.

13.2 Anordnung der Lager mit Rücksicht auf ihre Belastung

Die Abstützung der Welle muß möglichst nahe dem Zahnkranz des
Rades erfolgen. In vielen Fällen wird es möglich sein, entsprechend

Bild 120 unmittelbar die Radnabe zu lagern. Eine derartige Anordnung ist wesentlich besser als die Anordnung nach Bild 121, bei der in höherem Maße Abbiegungen zu befürchten sind.

Ein weiterer Punkt von wesentlicher Bedeutung ist der Abstand der Stützpunkte. Hierbei spielen ja die jeweiligen Anforderungen eine nicht unerhebliche Rolle. Die folgenden Angaben sind deshalb nur als Richtlinien zu werten. Bei einer Bauweise mit nur zwei Stützpunkten sollte bei einem Übersetzungsverhältnis 1:3 bis 1:6 die Lagerentfernung a in Bild 122 etwa das 2,5fache des Ritzeldurchmessers und die Lagerentfernung b das 0,7fache des Tellerraddurchmessers nicht unterschreiten. Für ein Übersetzungsverhältnis von 1:1 kann als Richtlinie eine Mindestentfernung der Radlager von 120 bis 150% des Raddurchmessers genannt werden. Nach Möglichkeit sind natürlich alle Kegelräder beiderseitig zu lagern.

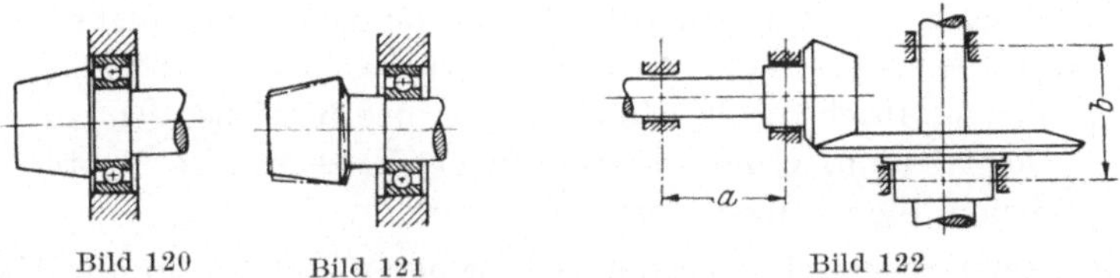

Bild 120   Bild 121   Bild 122

Bild 120. Lagerung unmittelbar hinter dem Zahnkranz. Günstig! — Bild 121 Lagerung hinter der Radnabe. Ungünstig! — Bild 122. Richtlinien für die Entfernung der Stützpunkte.

Vorstehend sind Richtlinien für die Mindestabstände der Lager gegeben. Die Lagerabstände dürfen natürlich auch nicht zu groß gewählt werden, da sonst Schwingungen zu befürchten sind.

Oft wird beim Einbau der Spiralkegelräder nur darauf geachtet, daß die Räder an ihren Außendurchmessern gleichmäßig abschließen. Dabei werden aber wesentliche Bedingungen außer acht gelassen.

Beim Einbau von Kegelrädern mit Spiralzähnen geht man von der Anlage der Zahnflanken, dem sog. Tragbild, aus.

Um in jedem Falle das richtige Tragbild erreichen zu können, müssen die Kegelräder beim Einbau axial einstellbar sein. Diese Einstellbarkeit kann dadurch erreicht werden, daß der ganze Lagerkörper verschiebbar ausgebildet wird. Sie kann auch durch einfache Zwischenlegringe erreicht werden.

Bild 123 zeigt ein Beispiel, das beide Arten verbindet. Bei dieser Ausführung sitzt zwischen dem Flansch eines die Wälzlager haltenden Lager-

körpers und der Gestellwand ein auswechselbarer Zwischenring *a*. Seine
Dicke wird dem Einbaumaß der Kegelräder entsprechend gewählt. Bei
reihenmäßiger Herstellung ist es zweckmäßig, diese schon vorher auf der
Kegelradprüfmaschine unter Berücksichtigung der richtigen Zahnanlage
zu ermitteln.

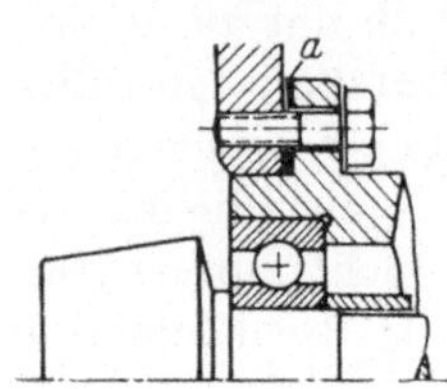

Bild 123. Axiale Einstellbarkeit der Lagerkörper
durch Zwischenlegringe
a.

Soll aus baulichen oder preislichen Gründen
eine Einstellvorrichtung für den ganzen Lagerkörper vermieden werden, so kann der Zwischenleg-
ring *a* anstatt zwischen Lagerflansch und Gestellwand zwischen Wälzlager und Radnabe angebracht werden. Das Rad muß in diesem Falle
abnehmbar sein, um im Bedarfsfalle Ringe anderer
Dicke aufstecken zu können.

Ganz allgemein ist hinsichtlich der Lagerungen
für Spiralkegelräder darauf hinzuweisen, daß die
Gewindelängen von Muttern zum Anzug der Lagerringe nicht zu klein
gewählt werden sollten. Bei Muttern mit zu *wenigen Gewindegängen* wird
das Lagerspiel durch die Erschütterungen des Betriebes sehr *leicht vergrößert*, selbst dann, wenn ein eigentliches Lockern der Mutter durch
entsprechende Sicherungen verhindert wird.

Die gleiche schädliche Wirkung ist zu befürchten, wenn die *Abstand-
buchsen* der Lagerringe *nicht* oder *ungenügend* gehärtet eingebaut werden.

13.3 Ausbildung der Lagerstellen mit Rücksicht auf den Verwendungszweck

Um den Einbau von Spiralkegelrädern ganz zu beherrschen, darf man
sich nicht damit begnügen, rein schematisch die zu übertragenden Kräfte
festzustellen; sie müssen als Glied des ganzen Getriebes oder der ganzen
Anlage betrachtet werden. Sehr förderlich ist dabei die vergleichende
Gegenüberstellung von Einbaubeispielen. Einige den verschiedensten
Industriezweigen entnommene Einbaubeispiele sind in den folgenden
Abschnitten zusammengestellt.

Obwohl die rein schematische Ermittlung der zu übertragenden Kräfte
noch nicht ausreicht, um Spiralkegelräder richtig anzuwenden, ist natürlich ohne eine sorgfältige Kräfteberechnung nicht auszukommen. Dem
Verzahnungsfachmann bereitet diese Berechnung aber oft Schwierigkeiten, weil die richtige Erfassung der Belastungen ein gründliches Ein-
dringen in das Wesen der einzelnen Maschinenarten voraussetzt. Ohne

engstes Zusammenarbeiten mit dem Fachkonstrukteur ist hier nicht weiterzukommen. Aber auch bei dieser Gemeinschaftsarbeit sollte der Verzahnungsfachmann die Zusammenhänge selbst zu übersehen vermögen.

Es führt zu weit, alle folgenden Einbaubeispiele mit Kräfteberechnungen zu verbinden. Nur bei der Besprechung von Fahrzeuggetrieben werden diese mit erörtert, um an diesem Beispiel zu zeigen, wie dabei die Eigenart der Anlage zu berücksichtigen ist.

14. Spiralkegelräder in Fahrzeugen

14.1 Triebwerksanordnung im Fahrzeug

Bild 124 zeigt die Getriebeanordnung eines Personenkraftwagens. Die Antriebsleistung wird vom Motor a aus über die Kupplung b und das Schaltgetriebe c auf das Spiralkegelradpaar d übertragen. Dieses treibt über die Differentialräder e die Hinterräder f. In diesem Getriebezug

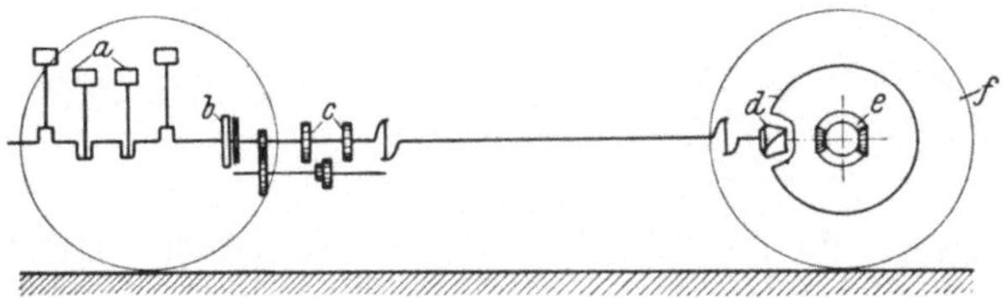

Bild 124. Anordnung des Getriebes in einem Personenkraftwagen.
a Motor, b Kupplung, c Schaltgetriebe, d Spiralkegelräder, e Differentialräder, f Hinterräder.

nehmen die Spiralkegelräder eine Sonderstellung ein. Die Räder des Schaltgetriebes laufen nur zeitweise, wenn vorübergehend an Stelle des hauptsächlich beanspruchten durchgehenden Ganges eine Zwischenstufe eingeschaltet wird; auch die Differentialkegelräder laufen nur zeitweise, nämlich beim Durchfahren einer Kurve, während sie bei gerader Fahrt nur als Mitnehmer wirken. Demgegenüber laufen die Spiralkegelräder während der ganzen Fahrt, und zwar unter der gesamten Belastung.

Zu der eigentlichen Antriebsleistung kommen im Fahrzeug zusätzliche Beanspruchungen durch Stöße und Schwingungen. In welchem Umfange diese bei Fahrzeugen auftreten, zeigt eine Untersuchung von KAMM: Das Kraftfahrzeug. Berlin 1936. Diese stellt fest, daß beim Durchfahren einer Mulde von 5 m Länge und 50 mm Tiefe von einer an einem Schwingarm gelagerten Achse am Kegelradritzel zusätzliche Drehmomente von 60 bis 120 kpm auftreten.

Die Ausbildung des Spiralkegelradantriebes ist natürlich bei den einzelnen Fahrzeugtypen verschieden. So liegt bei *Lastwagen* vielfach zwischen Kegelradgetriebe und Hinterachse ein Stirnradvorgelege (siehe das Einbaubeispiel auf Seite 150).

Die Ausbildung der Spiralkegelräder für *Lastwagen mit Allradantrieb* kann unter verschiedenen Gesichtswinkeln erfolgen.

Die Bauform nach Bild 125 sieht folgende Ausbildung vor: Ritzel der Hinterachse = Linksspirale, der Vorderachse = Rechtsspirale.

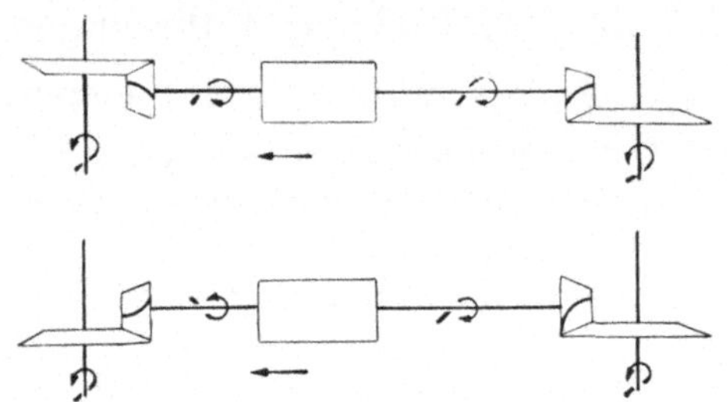

Bilder 125 und 126. Verschiedene Bauformen für Allradantrieb.

Diese Bauform hat folgende Vorteile:

1. Die Gehäuse der Vorderachse und der Hinterachse sind auswechselbar.

2. Diese Ausführung der Räder entspricht in allen Punkten den allgemein zur Anwendung kommenden Regeln.

Ihre Nachteile sind:

1. Die Räderpaare für die Vorderachse und für die Hinterachse sind nicht austauschbar.

2. Zum Verzahnen der Räderpaare für die Vorderachse und für die Hinterachse sind zwei verschiedene Fräsersätze notwendig.

Die Bauform nach Bild 125 kann insofern abgewandelt werden, als entgegen der Regel bei Übersetzungen über 2,5 bis 3 nicht die Zahnform III, sondern die Zahnform I gewählt wird. (Bedeutung der Zahnform siehe Seite 39.) Dann ergeben sich folgende Vorteile:

1. Die Gehäuse der Vorder- und der Hinterachse sind auswechselbar.

2. Zum Verzahnen ist nur ein Fräsersatz erforderlich.

Als Nachteil gilt, daß die Räderpaare für die Vorderachse und für die Hinterachse nicht austauschbar sind.

Eine zweite Bauform ist in Bild 126 dargestellt. Bei dieser Ausführung hat das Ritzel für die Vorderachse entgegengesetzte Drehrichtung. Beide Ritzel haben Linksspirale. Diese Ausführung hat folgende Vorteile:

1. Die Räderpaare für die Vorderachse und für die Hinterachse sind austauschbar.

2. Die Achsgehäuse der Vorderachse und der Hinterachse sind ebenfalls austauschbar. Sie müssen so ausgebildet werden, daß sie gewendet werden können, um das Tellerrad rechts oder links vom Ritzel anordnen zu können.

3. Diese Ausführung der Räder entspricht in allen Punkten den auf Seite 138 niedergelegten Regeln.

4. Zum Verzahnen ist nur ein Fräsersatz erforderlich.

Als Nachteil dieser Ausführung kann angesehen werden, daß das Gehäuse in seiner Ausbildung geringfügig von der üblichen Ausbildung abweicht.

Die vorstehenden Überlegungen gelten sinngemäß auch für Hinterachsen mit Stirnradübersetzung hinter den Kegelrädern. Es ist zu beachten, daß hierbei die Kegelräder meist Übersetzungen über 2,5 haben.

Eine weitere Ausführungsform der Spiralkegelräder für Lastwagen mit Allradantrieb besteht noch darin, beide Ritzel in der gebräuchlichen Weise mit Linksspirale zu versehen und im übrigen die Bauform nach Bild 125 anzuwenden. In diesem Fall können zum Verzahnen der Getriebe für die Vorder- und Hinterachse die gleichen Fräser verwendet werden. Es ist aber zu beachten, daß dann infolge der umgekehrten Drehrichtung des Ritzels für die Vorderachse der Axialschub bei diesem entgegen dem gebräuchlichen Grundsatz im Vorwärtslauf auf die Kegelspitze zu gerichtet ist, was bei der Lagerung des Tellerrades berücksichtigt werden muß.

Bei Fahrzeugen mit Raupenantrieb liegt der Motor vielfach im Heck des Fahrzeuges. Er wirkt dann über Zwischenwellen und eine Hauptkupplung auf das Spiralkegelradgetriebe. Der Fahrer kuppelt nun bei den einfacheren Ausführungsformen mittels zweier Lenkhebel entweder beide Kettentriebräder für die Geleisketten mit den ununterbrochen laufenden Spiralkegelrädern, dann bewegt sich das Fahrzeug geradeaus, oder er kuppelt nur das rechts oder links liegende Triebrad, dann beschreibt das Fahrzeug eine Rechts- oder Linkskurve.

In Motor-Schienenfahrzeugen verwendet man Spiralkegelräder zum unmittelbaren Achsantrieb, wie auch im Zahnradstufengetriebe. Die für Kraftwagen entwickelten Bauarten von Stufengetrieben, bei denen das erforderliche Zahnradpaar jeweils durch Verschieben in Eingriff gebracht wird, haben sich für Schienenfahrzeuge nicht bewährt. Die eisenbahnmäßigen Lösungen sind dadurch gekennzeichnet, daß sich die einzelnen Zahnradpaare ständig im Eingriff befinden und nur für die Zeit ihrer Arbeit mit der Antriebs- oder Abtriebswelle gekuppelt werden. Als Wendegetriebe werden meist Kegelräder benutzt.

15. Einbaubeispiele

15.1 Grundsätzliches

Bemühungen um einen guten Einbau der Räder kommen zu spät, wenn sie erst in der Werkstatt einsetzen. Schon die Arbeiten des Konstruktionsbüros müssen darauf ausgerichtet sein. Nach welchen Gesichtspunkten die Lagerung der Räder zu gestalten ist, wurde schon im voraufgehenden Abschnitt erläutert. Auch der Gesamtaufbau der Konstruktion ist wichtig. Sie soll klar in einzelne Baugruppen gegliedert sein. Ein Beispiel dafür vermitteln die Schnittzeichnungen 127a und b mit den Ansichten 128a und b.

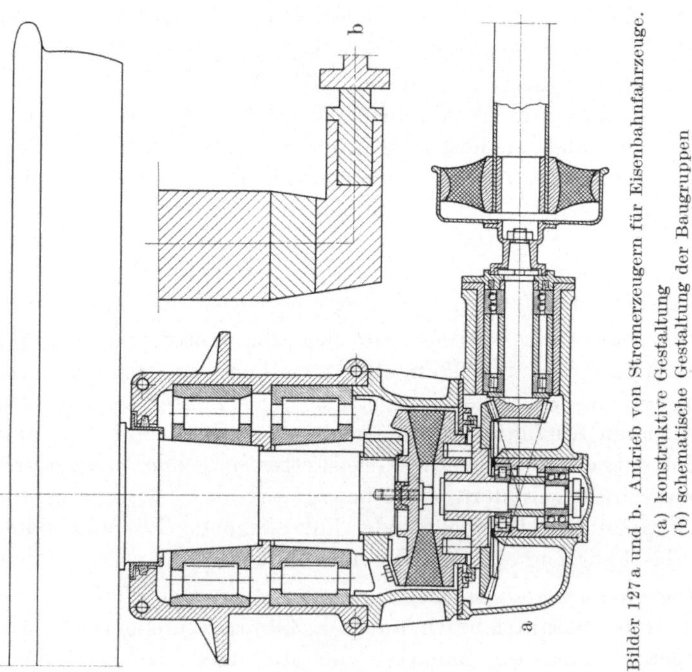

Bilder 127a und b. Antrieb von Stromerzeugern für Eisenbahnfahrzeuge.
(a) konstruktive Gestaltung
(b) schematische Gestaltung der Baugruppen

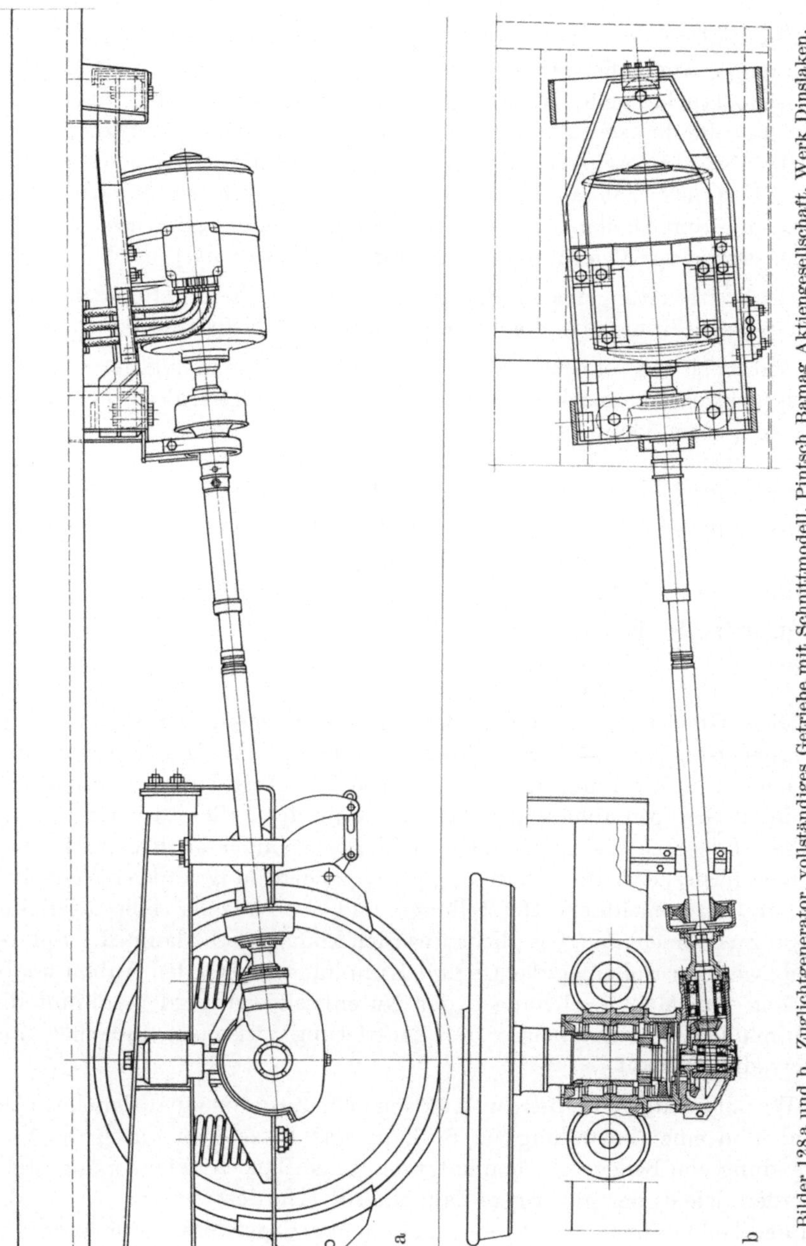

Bilder 128 a und b. Zuglichtgenerator, vollständiges Getriebe mit Schnittmodell, Pintsch Bamag Aktiengesellschaft, Werk Dinslaken.

Die Bilder zeigen den Antrieb eines Stromerzeugers für Eisenbahn-fahrzeuge. Am Achslagergehäuse ist an Stelle des Deckels mittels eines Zwischenstückes ein Kegelradgetriebe angeflanscht, das über eine Gelenkwelle den seitlich am Drehgestell angebauten Stromerzeuger an-treibt. Zwischen Achsschenkel und Getriebe ist eine elastische Kupplung aus ölfestem Perbunagummi angeordnet. Achsseitig ist die Kupplung über eine Spreizkeilanordnung, die in die bei Rollenlagerachsen vorhan-dene stirnseitige Quernut eingreift, mit der Achse verschraubt.

Die Weiterleitung des Drehmoments vom Getriebe zum Stromerzeuger besorgt eine Rohrwelle, die an ihren Enden elastische Gelenke trägt.

Bild 127b zeigt anschaulich die vorbildliche Gliederung der Gesamt-konstruktion in einzelne Baugruppen. Durch unterschiedliche Strich-stärke wurden kenntlich gemacht:

Baugruppe A: Normales Rollenachslager mit Radsatz
Baugruppe B: Zwischenstück an Stelle des Lagerdeckels als Kupplungs-
                    gehäuse einzusetzen
Baugruppe C: Tellerradlager
Baugruppe D: Ritzellager
Baugruppe E: Rohrwelle

Diese Gliederung ist nicht willkürlich, sie ist organisch bestimmt. Jede Gruppe ist eine in sich geschlossene Einheit. Man kann die einzelnen Elemente in ihre Baugruppe einsetzen und lauffertig machen, ohne von anderen Gruppen abhängig zu sein. So kann das Tellerrad betriebsfertig in sein Lagergehäuse eingebaut werden, ebenso auch das Ritzel. Wesent-lich ist ferner, daß die Verbindung der einzelnen Baugruppen so gestaltet ist, daß unvermeidliche Herstellungs- und Einbaufehler selbsttätig oder beim Zusammenbau ausgeglichen werden können. So erlaubt der Spreiz-keil zwischen Rollenlagerachse und Kupplungsflansch den Anbau unab-hängig von Maßabweichungen der Nutenbreite. Außerdem nimmt die Kupplung Ungenauigkeiten der Zentrierung zwischen Radachse und Getriebeachse auf.

Wo notwendig, läßt die Konstruktion beim Zusammenbau der Getriebe-einheiten eine Einstellung zu. So kann das Ritzellager durch die Ver-wendung von Beilegescheiben unter den Lagerflansch axial so eingestellt werden, wie es der günstigste Zahneingriff erfordert, und zwar ohne die in der Teilmontage spielfrei eingebauten Wälzlager lösen zu müssen.

15.2 Beispiele aus dem Fahrzeugbau

Die zeitliche Entwicklung der Spiralkegelräder hängt eng mit dem Aufblühen der Kraftwagenindustrie zusammen. Spiralkegelräder sind aus dem Hinterachsantrieb der Kraftfahrzeuge nicht fortzudenken. Hohe Übertragungsfähigkeit, Geräuscharmut und Verlagerungsfähigkeit waren die Eigenschaften, die sie diesen Platz erringen ließen. Es wurden aber nicht nur hohe Anforderungen an die fertigen Räder gestellt. Auch fertigungstechnisch mußten die Entwickler der Spiralkegelräder eine strenge Lehre durchmachen. Ohne eine wirtschaftliche Massenherstellung, leichte Einbaumöglichkeit und eng tolerierte Austauschbarkeit hätten sich Spiralkegelräder im Kraftfahrzeugbau nicht durchzusetzen vermocht. Diese strenge Lehre ist der Spiralkegelradfertigung auch beim Einsatz in andere Gebiete der Technik zugute gekommen.

Bild 129. Trans-Europa-Expreß, Maybach-Motorenbau G.m.b.H., Friedrichshafen.

Der Kraftfahrzeugbau fordert leichte und gedrängte Bauweisen und doch eine hohe Formsteifigkeit ihrer Gehäuse. Für Schienenfahrzeuge kommen dann noch weitere Forderungen hinzu. Diese sind einmal darin begründet, daß hier zumeist die stark dämpfende Wirkung luftgefüllter Gummibereifung fehlt, zum anderen, daß an die Getriebe der Schienenfahrzeuge wesentlich höhere Anforderungen an die Lebensdauer gestellt werden. Die folgenden Beispiele zeigen, daß Spiralkegelräder aber auch diesen Anforderungen gewachsen sind.

Palloid- und Zyklo-Palloid-Räder werden in Diesel-Schienenfahrzeugen aller vorkommenden Arten, wie Triebwagen, Diesellokomotiven für Rangier- und Streckendienst bis zu den Zugmaschinen des Trans-Europa-Expreß verwendet, Bild 129, der Maybach Motorenbau G.m.b.H., Friedrichshafen. Bild 130 zeigt den Achsantrieb sowohl für Triebwagen als auch für Motorloks. Der Durchmesser des dargestellten Tellerrades beträgt 620 mm.

In Bild 131 erkennt man die beiden Tellerräder eines von S. A. Cockerill-Ougrée, Belgien, entwickelten Wendegetriebes für eine hydraulische Diesellokomotive 550 PS, 57 t. Bild 132 zeigt den Achsantrieb für Dieselloks V 100 der Deutschen Bundesbahn nach einem Foto von MaK,

Bild 130. Achsantrieb sowohl für Triebwagen als auch für Motorlok, Durchmesser des Kegelrades 620 mm, Maybach-Motorenbau G.m.b.H., Friedrichshafen.

Bild 131. Wendegetriebe, Tellerräder eines Umkehrgetriebes einer hydraul. Diesellokomotive 550 PS, 57 t, S. A. Cockerill-Ougrée, Belgien.

Maschinenbau Kiel Aktiengesellschaft, Kiel-Friedrichsort. Für Schienenomnibusse und Dieseltriebwagen ist der in Bild 133 geöffnet gezeigte, auf dem Treibsatz montierte Achsantrieb, Baureihe GM 160 V der Firma Gmeinder & Co. G.m.b.H., Lokomotiven und Maschinenfabrik, Mosbach (Baden), bestimmt.

Bei Personen- und leichten Lastwagen wird das Tellerrad des Achsantriebes in der Regel gleichachsig zur Hinterachse gelagert. An seiner Innenseite sind dabei die Ausgleichskegelräder im Achsgehäuse untergebracht. Bei schweren Lastwagen sitzt an der Stelle des Tellerrades

Bild 132. Achstrieb für Diesellok V 100 der Deutschen Bundesbahn, MaK, Maschinenbau Kiel Aktiengesellschaft, Kiel-Friedrichsort.

Bild 133. Geöffneter, auf Treibsatz montierter Achsantrieb, Baureihe GM 160 V für Schienenomnibusse und Dieseltriebwagen, Gmeinder & Co. G.m.b.H., Lokomotiven- und Maschinenfabrik, Mosbach (Baden).

oft das große Rad eines Stirnradvorgeleges, während das Kegel-Tellerrad auf der Vorgelegewelle angeordnet ist. Dafür bringen die Bilder 134 und 135 zwei Beispiele. Bild 135 ist die Schnittzeichnung eines Hinterachstriebes für den Büssing Lastkraftwagen LU 11. Bild 134 zeigt den Hin-

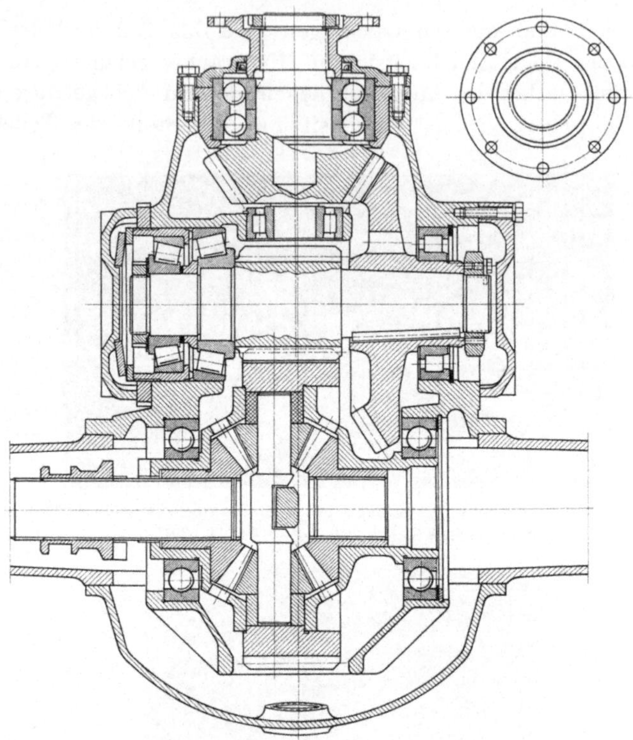

Bild 134. Hinterachsantrieb für Schwerlastwagen mit einem maximalen Eingangsdreh-
moment von 450 kpm, Mowag Motorwagenfabrik AG., Kreuzlingen/Schweiz.

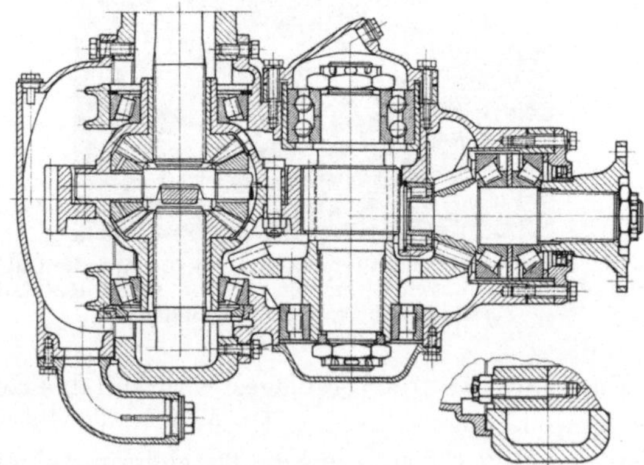

Bild 135. Achsantrieb des Büssing Lastwagens LU 11, Büssing Nutzkraftwagen GmbH.,
Braunschweig.

terachsantrieb für einen Schwerlastwagen der Firma Mowag Motorwagenfabrik AG., Kreuzlingen, Schweiz.

Auch für Motorräder und Motorroller sind Spiralkegelräder zu den
bevorzugten Elementen für den Achsantrieb geworden. Auch bei diesen
leichten Antrieben ist es wichtig, Ritzel und Tellerrad in einem gemein-

Bild 136. Hinterachsantrieb des Motorrollers „Lambretta", NSU-Werke Aktiengesellschaft
Neckarsulm.

Bild 137. Kegelradantrieb Ferrari, Modena/Italien.

samen, formsteifen Gehäuse zu lagern. Zu Bild 136, Hinterachsantrieb
des Motorrollers Lambretta der NSU-Werke Aktiengesellschaft,
Neckarsulm, sei in dieser Hinsicht bemerkt, daß in diesem Schaubild das
geöffnete Getriebegehäuse der besseren Anschaulichkeit halber nur mit
einigen Strichen angedeutet wurde. Auch hier laufen die Spiralkegelräder

in einem geschlossenen, formsteifen Gehäuse, was ja auch schon im Hinblick auf das Ölbad notwendig ist. Die formsteife Gestaltung des Getriebegehäuses ist auch deutlich erkennbar in dem Foto eines Kegelradtriebes von Ferrari, Modena, Italien, Bild 137.

15.3 Spiralkegelräder in Schiffsgetrieben

Grundsätzlich abweichend von den Bauweisen der Getriebe für Bodenfahrzeuge sind die der Schiffsgetriebe. Man könnte diese nach ihrer Konstruktion, wie Bild 138 erkennen läßt, zu den stationären Reduzier-

Bild 138. Zweistufiges SLM-Reduktionsgetriebe für Heckantrieb eines Passagierflußschiffes, Leistung 450 PS bei 400 U/min, Übersetzung 10,4, Schweiz. Lokomotiv- und Maschinenfabrik, Winterthur.

getrieben rechnen, die später zu besprechen sind. In Bild 138 handelt es sich um ein zweistufiges SLM-Reduktionsgetriebe für den Heckantrieb eines Passagierflußschiffes, Leistung 450 PS bei 400 U/min. Übersetzung 10,4. Erbauer ist die Schweiz. Lokomotiv- und Maschinenfabrik, Winterthur.

Als ein anders geartetes Beispiel für diese Getriebeart sei auf die Außenbordantriebe und davon auf die Schottel-Ruderpropeller für Motorschiffe auf Binnengewässern hingewiesen. Bei diesem von der Schottel-Werft in Obersprey am Rhein entwickelten Antrieb steht der Motor (gebaut bisher bis 350 PS) hinten auf dem Oberdeck. Von der waagerecht liegenden Abtriebswelle des Motors aus wird die Vortriebsleistung über ein senkrecht verlaufendes Wellenstück und zwei Kegelradgetriebe auf die waagerechte Propellerwelle übertragen. Bild 139 zeigt den Längsschnitt einer solchen

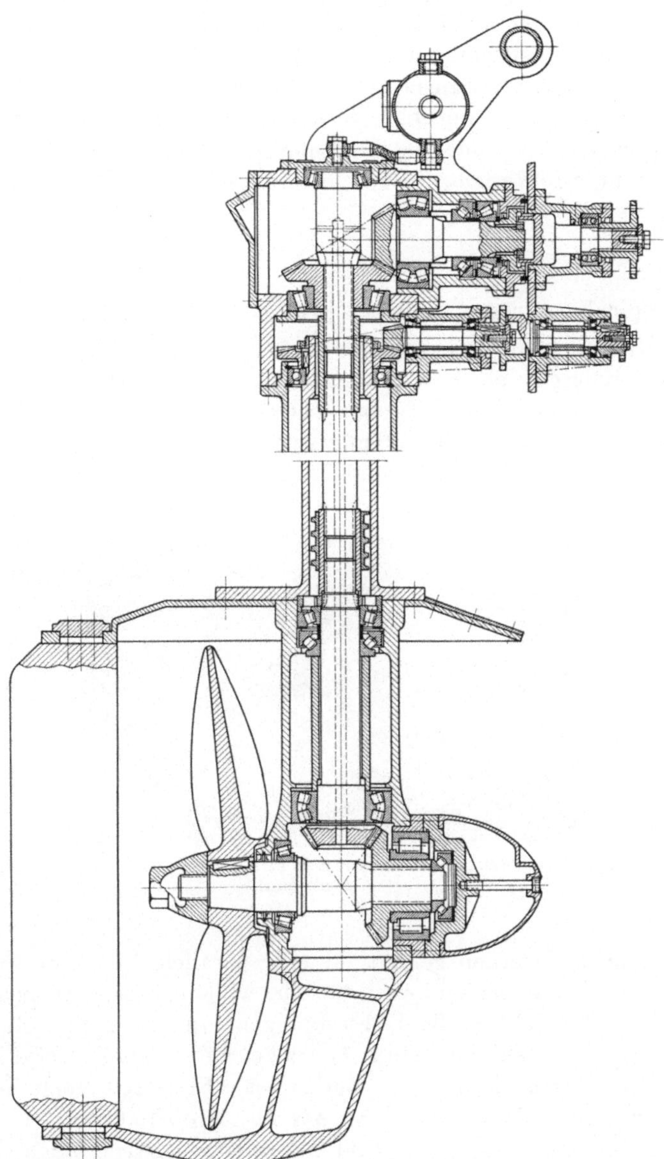

Bild 139. Spiralkegelräder in einem Schottel-Ruderpropeller.
Schottel-Werft, Josef Becker KG., Oberspray am Rhein.

11 Krumme, Spiralkegelräder 3. Aufl.

Anlage. Von den beiden Kardanwellen wird der Propeller um seine senkrechte Achse gedreht und das Schiff gesteuert. Wird der laufende Propeller aus der Vorausfahrt um 180° gedreht, so wird die Fahrt des Schiffes gestoppt oder bei stillstehendem Schiff die Rückwärtsbewegung eingeleitet. Eine Umsteuerung des Motors oder der Getriebe ist also nicht erforderlich. Dadurch vereinfacht sich der Aufbau der Anlage wesentlich.

15.4 Spiralkegelräder in stationären Getrieben und Maschinen

Der Forderung nach Vereinheitlichung der Konstruktionen kommen die Übersetzungsgetriebe entgegen, die in vielen Bauformen und Größen von Spezialherstellern zum Einbau in eigene Konstruktionen zur Verfügung gestellt werden. Übersetzungsgetriebe stehen zur Verfügung für jeden gewünschten Leistungs- und Drehzahlbereich wie auch für jede

Bild 140. Spiralkegelradgetriebe, gebaut von der Firma Schüchtermann & Kremer-Baum AG., Dortmund.

Übersetzung. Sie werden gebaut für eine parallele Lage der Abtriebsachse zur Antriebsachse und auch für eine winkelige Lage. Neben Reduziergetrieben für sehr große Übersetzungen, die mit zum Bereich der Schneckentriebe gehören, sind Getriebe mit Palloid- und Zyklo-Palloid-Spiralkegelrädern weit verbreitet. Bild 140 zeigt ein von Schüchtermann & Kremer-Baum AG für Aufbereitung, Dortmund, gebautes Getriebe dieser Art. Bild 141 zeigt ein Kegelradgetriebe im Schnitt. Bezüglich der Ritzellagerung in diesem Bild ist folgendes bemerkenswert: Der Axialschub wird von dem hinteren Lager, dem zweireihigen Schräglager a, aufgenommen. Diese Anordnung ist in dem vorliegenden Falle günstiger als eine Axialschubaufnahme durch das vordere Lager b, weil die Radialbelastung das hintere Lager weniger beansprucht als das vordere Lager. Eine derartige Maßnahme ist freilich nicht zu empfehlen, wenn die Lagerabstände größer sind als in Bild 141 dargestellt. Dann würden sich Temperaturunterschiede, möglicherweise auch schon die Druckbeanspruchung des im Verhältnis zum Durchmesser langen Ritzelschaftes, ungünstig auswirken.

Das nur radial belastete Lager b könnte auch als Zylinderrollenlager ausgebildet sein.

Bild 142 zeigt ein einstufiges Wülfel-Kegelrad-Stirnradgetriebe KAV mit vertikaler Radwelle für Übersetzungen von 4:1 bis 40:1.

Bei Kegelradgetrieben im *Werkzeugmaschinenbau* kommt es vor allem auf Gleichförmigkeit in der Winkelübertragung an, so z. B. in den mit Palloidrädern ausgerüsteten Pittler-Mehrspindelautomaten, den Fräsmaschinen von Biernatzki, den Wanderer-Planfräsmaschinen und den Schieß-Defries-Karusselldrehbänken.

Oft müssen Getriebe im Werkzeugbau auch vollkommen spielfrei laufen. Eine Lösung dieser Aufgabe, die sich

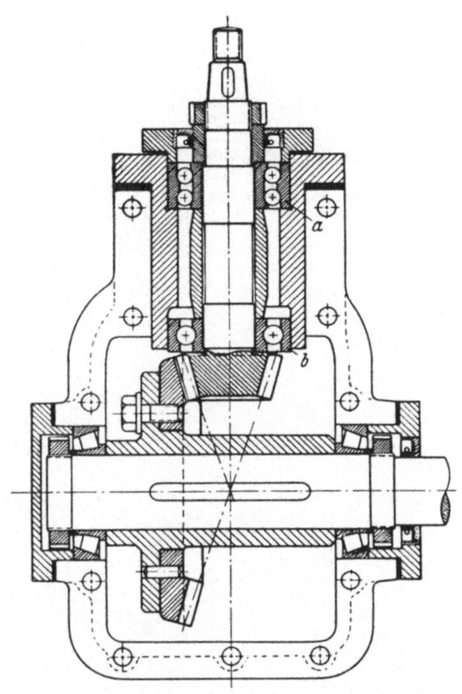

Bild 141. Schnittzeichnung eines Kegelradgetriebes.

praktisch gut bewährt hat, ist in Bild 143 wiedergegeben. a ist die Fräserachse, die spielfrei angetrieben werden soll. Die Antriebsleistung wird von der Welle b über Schnecke c und Schneckenrad d auf die Fräserachse übertragen. Abgezweigt von dieser Antriebsleitung ist ein zweiter Getriebezug, der ebenfalls, von der Welle b ausgehend, über die Binderäder f und Palloid-Spiralkegelräder g zur Fräserachse a geht. Schneckenrad und Kegelrad sind

11*

gegeneinander verspannt, und zwar derart, daß bei dem einen Rad die Rechtsflanken und bei dem anderen Rad die Linksflanken anliegen. Dadurch wird ein spielfreier, ein Rattern des Werkzeuges vermeidender Lauf der Fräserwelle gewährleistet. Man kann zum Verspannen auch zwei Schneckengetriebe verwenden. Die vorliegende Lösung bietet aber den Vorteil eines günstigeren Wirkungsgrades. Bei der Konstruktion eines solchen Getriebes ist freilich zu berücksichtigen, daß an den Rädern größere Zahndrücke auftreten als unter alleiniger Berücksichtigung der zugeführten Leistung zu erwarten ist.

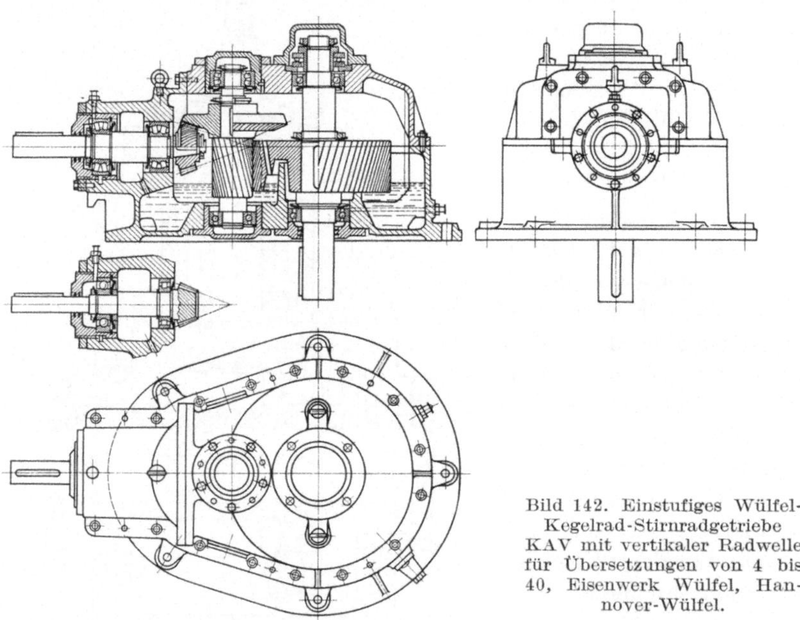

Bild 142. Einstufiges Wülfel-Kegelrad-Stirnradgetriebe KAV mit vertikaler Radwelle für Übersetzungen von 4 bis 40, Eisenwerk Wülfel, Hannover-Wülfel.

Nicht immer besteht die Möglichkeit, die Getriebezüge im Innern der Maschine anzuordnen. Zwei Beispiele aus dem *Druckereimaschinenbau* zeigen, wie außerhalb der Maschine liegende Getriebezüge vorbildlich gelagert und gekapselt werden. Bild 144 zeigt einen Ausschnitt aus einer Rotationspresse der Schnellpressenfabrik Frankenthal Albert & Cie., G.m.b.H., Frankenthal, Pfalz, und Bild 145 einen Teil der Antriebsseite einer 32seitigen Schnelläufer-Zeitungsrotationsmaschine, gebaut von der Maschinenfabrik Augsburg-Nürnberg A.G., Werk Nürnberg. Die Palloid-

Spiralkegelräder sind in den Gehäusen untergebracht, während die die Kegelradgetriebe verbindenden Wellen in Rohre eingekapselt sind. Durch glasverkleidete Schaulöcher kann der Ölumlauf in den Getriebegehäusen von außen überwacht werden.

Die Lagerung der Getriebe selbst läßt die Schnittzeichnung Bild 145 erkennen. In dieser Zeichnung sind die Getriebegehäuse mit a, die die Wellen einschließenden Rohre mit b und die Schaulöcher mit c bezeichnet. Der Axialdruck der Kegelräder wird von je zwei gegeneinander verspannten Kegelrollenlagern d aufgenommen. Bemerkenswert ist die Anordnung dieser Lager in besonderen Flanschlagern f, die durch Verwendung geeigneter Unterlegscheiben ein schnelles und genaues Einstellen der Kegelräder auf richtiges Einbaumaß zulassen.

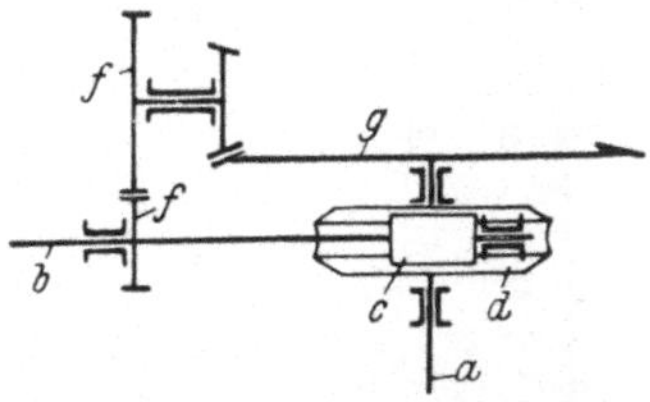

Bild 143. Spielfreier Antrieb mit Spiralkegelrädern in einer Fräsmaschine. a Fräserachse, b antreibende Achse, c, d Schneckengetriebe, f Binderäder, g Palloid-Spiralkegelräder.

Bild 144. Ausschnitt aus einer Rotationspresse der Schnellpressenfabrik Frankenthal Albert & Cie., G.m.b.H., Frankenthal, Pfalz.

Im allgemeinen laufen die Wellen von Palloid-Spiralkegelrädern in Wälzlagern. Daß aber auch Gleitlager bei geeigneter Gestaltung den gestellten Anforderungen genügen können, zeigt Bild 146. Ein Hochleistungsgetriebe, gebaut von der Firma J. M. Voith, Maschinenfabrik und Gießerei, St. Pölten, Niederdonau, und Heidenheim (Brenz), Württ., ist in Bild 146 dargestellt.

 15. Einbaubeispiele

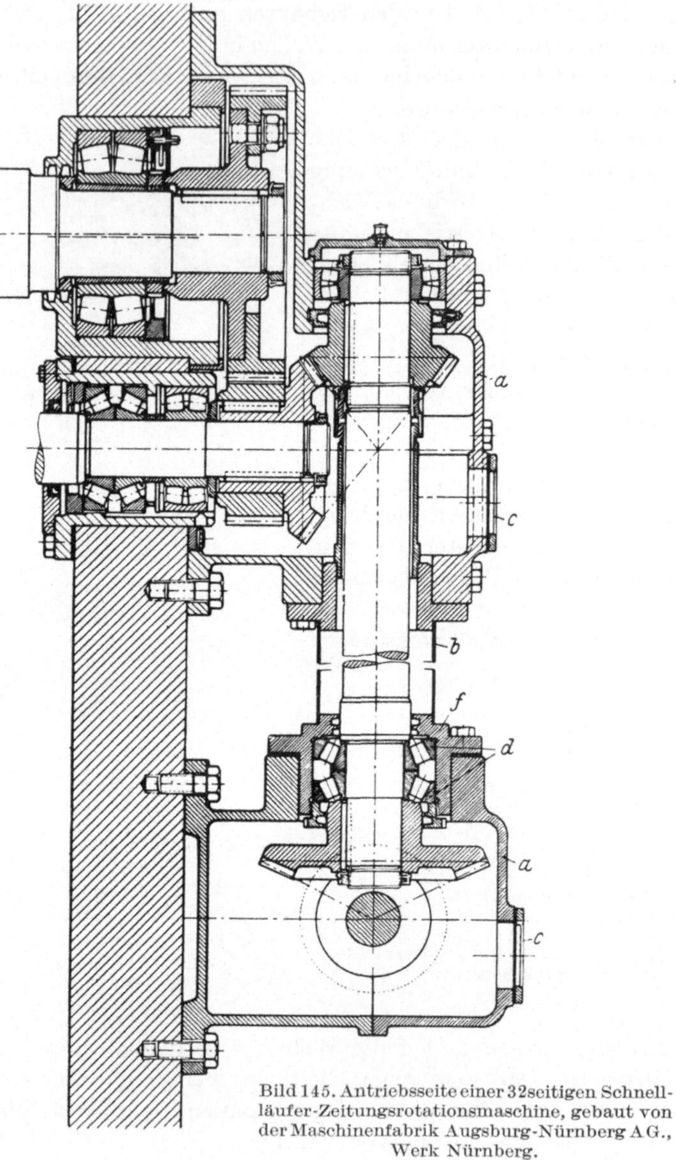

Bild 145. Antriebsseite einer 32seitigen Schnell-
läufer-Zeitungsrotationsmaschine, gebaut von
der Maschinenfabrik Augsburg-Nürnberg A G.,
Werk Nürnberg.

Das Übersetzungsverhältnis der Palloid-Spiralkegelräder dieser Getriebe wird bis 5 gewählt. Die Räder sind aus legiertem Sonderstahl für Einsatzhärtung oder Nitrierung hergestellt. Die gehärteten Räder werden vor dem Einbau geläppt.

Bild 146. Hochleistungs-Zahnradgetriebe für Turbinen, gebaut von der Firma J. M. Voith, Maschinenfabrik und Gießerei, St. Pölten, Niederdonau und Heidenheim (Brenz), Württ. Übersetzung der Spiralkegelräder bis 5.

Die senkrechte Turbinenwelle sowie die waagerechte Vorgelegewelle laufen in reichlich bemessenen Weißmetallschalen mit erstklassigem Weißmetallausguß und Preßölschmierung; ebenso ist auch die senkrechte Vorgelegewelle gelagert.

Die sich schneidenden Wellen der Getriebezüge sollen herausgenommen werden können, ohne die Lager lösen zu müssen. Dafür als Beispiel den Kegelradantrieb einer Hobelmaschine der Vereinigten Werkzeugmaschinenfabriken Aktiengesellschaft, Frankfurt a. Main, Bild 147. Ein gegen das Maschinenbett geschraubtes Gehäuse für den Kegeltrieb ist an seiner Stirnseite so weit ausgenommen und mit einem abschraubbaren Deckel versehen, daß die Kegelräder samt der Querachse hierdurch herausgenommen werden können. Die große Öffnung bietet auch einen guten Einblick in die kämmenden Zähne, so daß man sich leicht vom einwandfreien Tragen der Zahnflanken überzeugen kann.

Diese günstige Möglichkeit bietet auch das Antriebsgehäuse, Bild 148, der von Gebr. Boehringer GmbH, Göppingen/Württ. gebauten Zweiständer-Hobelmaschine 6 Z/120.

Noch in einer anderen Hinsicht ist dieses Bild bemerkenswert. Es zeigt zwischen Gehäuse und Motor eine Tacke-Bogenzahnkupplung. Getriebefabriken, die mit Klingelnberg-Verzahnmaschinen arbeiten, nutzen

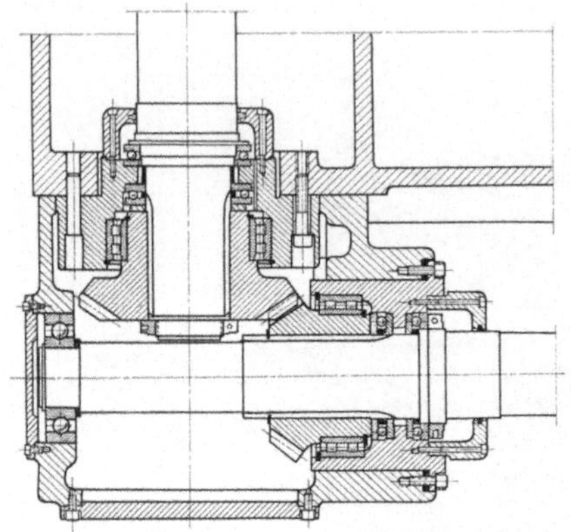

diese Möglichkeit aus, um auf ihnen auch Planverzahnungen für Stirnzahnkupplungen zu schneiden. Bild 149 zeigt eine Eickhoff - Flanschwellen - Kupplung aufgeklappt, so daß die Spiralzähne zu erkennen sind.

Werden solche Kupplungen mit Zyklo-Palloid-Verzahnung ausgeführt, so erhalten sie nach Bild 150 einen Spiralwinkel $= 0°$, außerdem sich nach innen hin verjüngende Zähne. Beim Verzahnen wird der Messerkopf zur Planradebene soviel geneigt,

Bild 147. Kegelradgetriebe einer Hobelmaschine, Vereinigte Werkzeugmaschinenfabriken Aktiengesellschaft, Frankfurt/Main.

Bild 148. Hobelmotor mit Tacke-Bogenzahnkupplung und Antriebsgehäuse einer Zweiständer-Hobelmaschine der Gebr. Boehringer GmbH., Göppingen/Württ.

daß seine der Schneidstelle gegenüberliegenden Zähne das Planrad nicht mehr zerstören können.

Bei der voraufgegangenen Besprechung von Lagerfragen war darauf aufmerksam gemacht worden, daß fliegend gelagerte Kegelräder ihr Lager möglichst dicht am Zahnkranz haben sollen, während bei beiderseits gelagerten Rädern der Lagerabstand größer sein kann. Dafür bieten die Bilder 151 und 152 zwei Beispiele. Bild 151 bringt einen Ausschnitt aus der Vorschubeinrichtung eines Doppelständer-Stanzautomaten der Maschinenfabrik Weingarten A.G., Weingarten/Württ. und Bild 152 den Winkeltrieb für Oberfräsen einer Universal-Holzbearbeitungsmaschine von Böttcher & Gessner, Hamburg Barenfeld.

Bild 149. Flanschwellenkupplung mit Palloid-Verzahnung, Gebr. Eickhoff, Maschinenfabrik und Eisengießerei m.b.H., Bochum.

Bild 150. Stirnzahnkupplung mit Zyklo-Palloid-Verzahnung und Spiralwinkel = 0°.

Interessant ist auch die Lösung nach Bild 153, den Fräskopf einer Universal-Werkzeugfräsmaschine betreffend, Hersteller VEB Klement Gottwald, Uhren- und Maschinenfabrik Ruhla, Ruhla/Thür. Man hat die Anordnung eines Zwischenrades in Kauf genommen, um das antreibende Ritzel beiderseitig vorbildlich lagern zu können.

Nach dem einer Hochdruck-Rotationspresse der Schnellpressenfabrik Koenig & Bauer Aktiengesellschaft, Würzburg, entnommenen Bild 154 wurde eine gedrängte Bauweise mehrerer geschichteter Zahnräder dadurch erreicht, daß das außen liegende Kegeltellerrad mit einem Kranz versenkter Zylinderkopfschrauben an den darunterliegenden Stirnrädern befestigt ist, eine Befestigungsart, die bei Hinterachsantrieben üblich ist.

Das nächste Beispiel dieser Reihe bezieht sich auf das Windwerk eines *Auslegerkranes*. Bild 155 stellt einen Schnitt durch die Ritzellagerung des Windwerkes eines von der Firma J. Pohlig AG., Köln-Zollstock, gebauten *Portalkranes* dar. Der Schaft *a* des Ritzels ist mit einem Elektro-

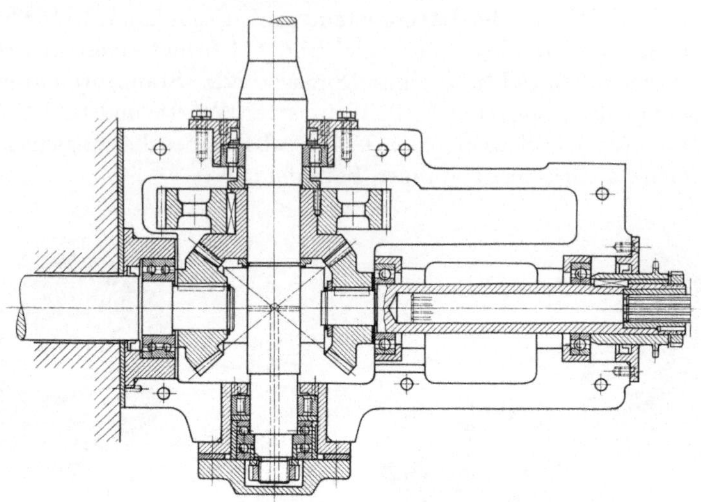

Bild 151. Vorschubeinrichtung
eines Doppelständer-Stanzautomaten der Maschinenfabrik
Weingarten A·G., Weingarten/
Württ.

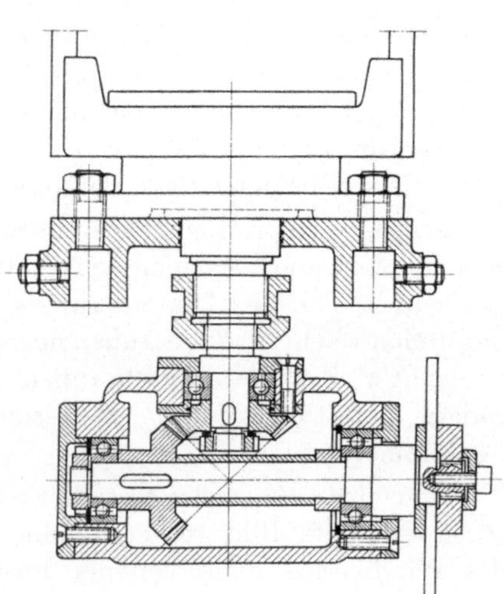

Bild 152. Winkeltrieb zum Oberfräsen
in einer Universal-Holzbearbeitungsmaschine, Böttcher & Gessner, Hamburg-
Bahrenfeld.

motor gekuppelt. Bemerkenswert an dieser Lagerung ist die Verwendung von Längslagern *b* zur Aufnahme des Axialschubes. Bei den vorher besprochenen Beispielen werden, von einigen Ausnahmen abgesehen, die

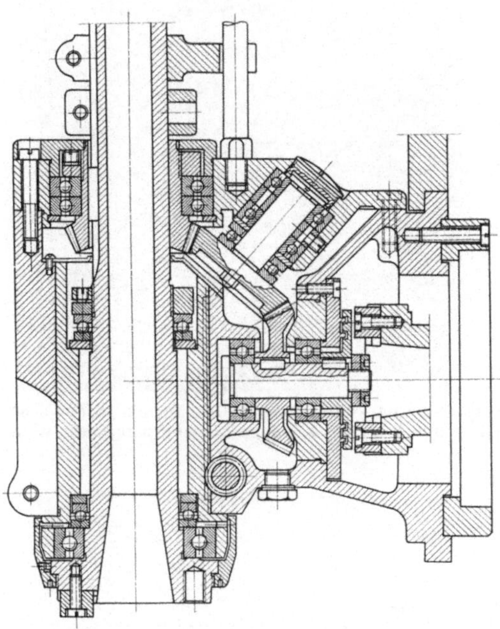

Bild 153. Fräskopf einer Universal-Werkzeugfräsmaschine, VEB Klement Gottwald, Uhren-
und Maschinenfabrik Ruhla, Ruhla/Thür.

Axialschübe von Querlagern aufgenommen. In dem vorliegenden Falle sind Längslager vorzuziehen, weil bei den hier vorkommenden Drehzahlen ein Abdrängen aus den Wälzbahnen der unter der Wirkung der Zentrifugalkraft stehenden Kugeln auch bei Längslagern nicht zu befürchten ist.

Die Reihe der Beispiele soll mit drei Bildern aus dem Gebiet der Feinmechanik abgeschlossen werden. Ein großes Anwendungsgebiet konnten die mit schnellaufenden Motoren betriebenen Handwinkelschleifer erringen. In fast allen Baumustern dieser Geräte erfolgt die Kraftübertragung mittels feinverzahnter Spiralkegelräder, und zwar vielfach mit Zyklo-Palloidverzahnung. Bild 156 zeigt einen von Otto Suhner A.G., Brugg/

Kugellager, auf der anderen Seite, nach der Kegelspitze zu, mittels
Schweiz, herausgebrachten Winkelapparat. Interessant ist dabei die
Lagerung der Schleifwelle, auf der einen Seite des Kegelrades mittels

Bild 154. Spiralkegelräder im Getriebe einer Hochdruck-Rotationsmaschine der Schnellpressenfabrik Koenig & Bauer Aktiengesellschaft, Würzburg.

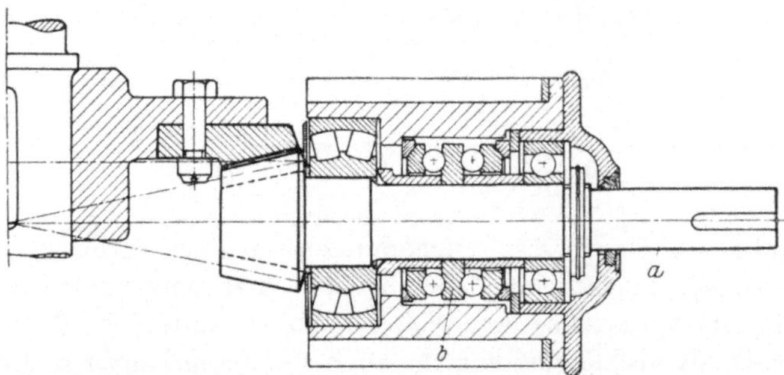

Bild 155. Ritzellagerung zum Windwerk eines Portalkranes der Firma J. Pohlig A.G.,
Köln-Zollstock.

Nadellager. Die gleiche Lagerung weist das Schnittbild 157 einer Stichsäge A St 60-1 der Firma C. & E. Fein, Stuttgart, auf. Auch hier ist
das angetriebene Tellerrad auf der einen Seite von einem Kugellager,
auf der anderen Seite von einem Nadellager geführt. Das Kugellager

sitzt an der am höchsten beanspruchten Stelle, nämlich zwischen Tellerrad und Kurbel, das Nadellager hat eine geringere Last aufzufangen.

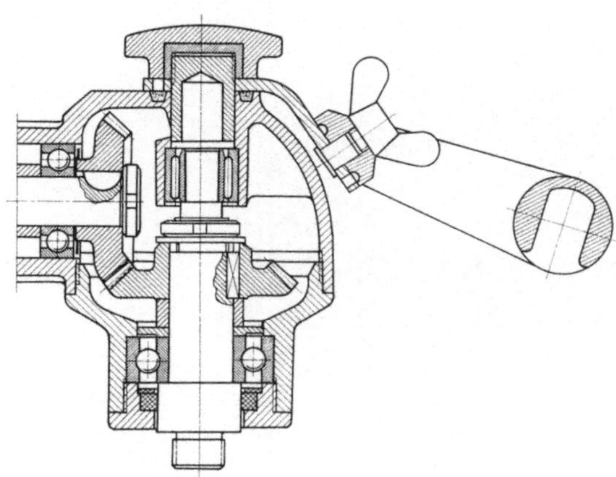

Bild 156. Winkelapparat zum Antrieb des Werkzeuges über eine biegsame Welle, Otto Suhner AG., Brugg/Schweiz.

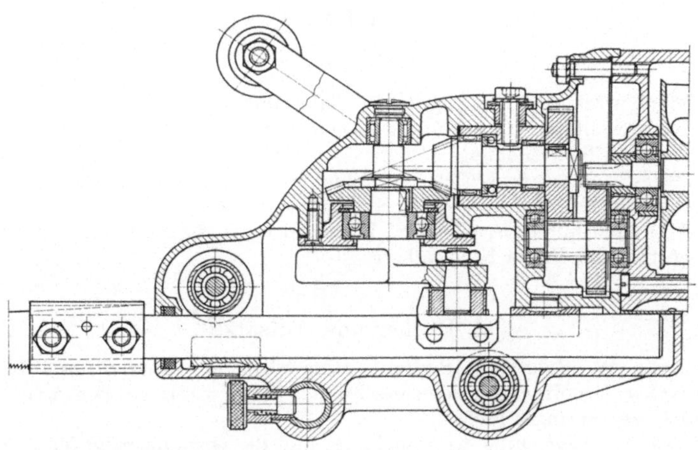

Bild 157. Kegeltrieb einer Stichsäge A St 60-1 von C. & E. Fein, Stuttgart.

Bild 158 zeigt den Antrieb des Schiffchens in einer von den Dürkopp-
werken, Bielefeld, gebauten Zickzack-Haushaltungsnähmaschine. Auch

hier werden feinverzahnte Zyklo-Palloidräder gebraucht. Die gedrängte Bauweise erfordert die Übertragung unter Verwendung eines Zwischenrades.

Bild 158. Kegelradantrieb eines Schiffchens über ein Zwischenrad in einer Dürkopp-Zickzack-Haushaltnähmaschine, Dürkoppwerke Aktiengesellschaft, Bielefeld.

Schrifttum

I. Normen

DIN 868 Kurzzeichen und Begriffe für Zahnräder.
DIN 869 Bestellung von Stirn- und Kegelrädern
DIN 870 Profilverschiebung.
DIN 3960 Bestimmungsgrößen und Fehler an Stirnrädern, Grundbegriffe
DIN 3961 bis 3967 Toleranzen für Stirnräder.
DIN 3971 Bestimmungsgrößen und Fehler an Kegelrädern, Grundbegriffe.
Werknormen der Firma Klingelnberg.

II. Bücher und Aufsätze

1. LINDNER. W.: Zahnräder. Berlin, Göttingen/Heidelberg: Springer 1954.
2. NIEMANN, G.: Maschinenelemente, Zweiter Band: Getriebe, Berlin/Göttingen/ Heidelberg: Springer 1960.
3. ZIEHER, G.: Erzeugung des Kegelrades und die Grundbegriffe für seine Messung. Düsseldorf: VDI-Verlag 1958.
4. POHL, F.: Verfahren und Maschinen zum Läppen der Zahnräder. Werkstatttechnik 29 (1935) 333.
5. MARQUARDT, R.: Qualitätskontrolle im Werk Hückeswagen. Klingelnberg-Nachrichten (1964) Heft 4.

6. Mettmann, Fr.: Die Klingelnberg-Palloidverzahnung. Zeitschrift für wirtschaftliche Fertigung (1958) Heft 11, S. 273—280.

7. Mettmann, Fr.: Das Tragbildverfahren der Klingelnberg-Palloidverzahnung. Werkstattstechnik (1959) S. 670—673.

8. Mettmann, Fr.: Werkzeugeinstellung bei Grenzauslegungen der Klingelnberg-Palloid-Verzahnung. Zeitschrift für wirtschaftliche Fertigung (1959) Heft 6/7, S. 191—195.

9. Mettmann, Fr.: Bedeutung und Bestimmung des Planscheiben-Schwenkwinkels bei der Klingelnberg-Palloid-Verzahnung. Zeitschrift für wirtschaftliche Fertigung (1960) Heft 12, S. 507—513.

10. Mettmann, Fr.: Spiralkegelräderberechnung auf elektronischen Rechenanlagen. Z. VDI (1962) Heft 6, S. 249—260.

11. Rebeski, H.: Spiralkegelräder mit versetzten Achsen und Palloidverzahnung. A.T.Z. Automobiltechnische Zeitschrift (1955) Heft 2 u. 3, S. 43—48 u. 74—78.

12. Rebeski, H.: Eine neue Klingelnberg-Spiralkegelrad-Wälzfräsmaschine, Modell AMK 850. Klingelnberg-Nachrichten (1963) Heft 2.

13. Krumme, W.: Geometrische Untersuchungen an Schraubenkegelrädern. Konstruktion (1954) Heft 4, S. 125—129.

14. Krumme, W.: Ein Weg zur universellen Einstellung des Tragbildes. Werkstatt und Betrieb (1954) Heft 5, S. 217—219.

15. Seybold, R.: Die Klingelnberg-Verzahnmaschinenserie AFMK 630. Klingelnberg-Nachrichten (1964) Heft 1.

16. Seybold, R.: Härten von Stahl unter Verwendung von Härtemaschinen. Werkstatt und Betrieb (1963) Heft 5, S. 283—287.

17. Winter, H. und Piepka E.: Zahnradberechnung auf elektronischen Rechenanlagen. Z. VDI (1960) Heft 6.

18. Otterburig, W.: Schottel-Ruderpropeller. Wälzlagertechnik, Berichte der Fa. FAG Kugelfischer, Georg Schäfer & Co., Schweinfurt, Heft 1/65.

19. Druckschriften, Berechnungs- und Bedienungsanleitungen der Firma W. Ferd. Klingelnberg Söhne, Remscheid.